为人

学会取舍，善待得失

陈志宏 ◎ 编著

青春励志系列

延边大学出版社

图书在版编目（CIP）数据

为人：学会取舍，善待得失 / 陈志宏编著 . — 延吉：延边大学出版社 , 2012.6（2021.10 重印）

（青春励志）

ISBN 978-7-5634-4864-7

Ⅰ . ①为… Ⅱ . ①陈… Ⅲ . ①人生哲学－青年读物 Ⅳ . ① B821-49

中国版本图书馆 CIP 数据核字 (2012) 第 115488 号

为人：学会取舍，善待得失

编　　　著：	陈志宏
责任编辑：	林景浩
封面设计：	映像视觉
出版发行：	延边大学出版社
社　　　址：	吉林省延吉市公园路 977 号　邮编：133002
电　　　话：	0433-2732435　传真：0433-2732434
网　　　址：	http://www.ydcbs.com
印　　　刷：	三河市同力彩印有限公司
开　　　本：	16K　165 毫米 ×230 毫米
印　　　张：	12 印张
字　　　数：	200 千字
版　　　次：	2012 年 6 月第 1 版
印　　　次：	2021 年 10 月第 3 次印刷
书　　　号：	ISBN 978-7-5634-4864-7
定　　　价：	38.00 元

版权所有　侵权必究　印装有误　随时调换

前 言

先哲孟子曾说过:"鱼,我所欲也;熊掌,亦我所欲也。二者不可得兼,舍鱼而取熊掌者也。"这句话其实是在告诫世人:面对大千世界的种种诱惑,每个人都应该学会有所舍弃,善待得失,勇于舍弃心中那些不合理的欲望,这样才能活出自在从容的人生。

人生本来就是一场取舍与得失的旅程。在为人处世的过程中,心中负累太多,就会错过沿途的风景;只有放下心中的欲望,才能轻装上阵,才能在人生的道路上走得更稳定、更顺利、更快速,才能领略到人生中最美丽的景致。

生活中,为什么有的人活得轻松,而有的人活得沉重?前者是因为拿得起,放得下;后者则是拿得起,却放不下,所以沉重。

所以,有人说:人生最大的选择就是拿得起、放得下。只有这样,你才能活得轻松而幸福。

此书通过一系列的精彩故事告诉我们:在与他人交往过程中,不要斤斤计较，要懂得舍得，勇于放下，从容地面对世事变迁，坦然地冲破僵局困境；学会取舍，善待得失，播种希望，剪除欲望，洗涤心灵，丰润精神，如此才能升华境界，收获健康美好的人生！

目录

第一篇　心态决定命运

靠"心"字取胜	2
保持特色，形成自己的优势个性	4
做好情绪管理	6
不要让怒火烧伤自己	10
即使遭受厄运，也要学会拥抱生活	11
快乐还是痛苦，取决于你的心态	13
要勇敢地接受现实	14
在被别人肯定之前先肯定自己	17
成长既需要赞美又离不开批评	20
要谦虚不要自卑	22
热忱使你更杰出	25

第二篇　志向引领未来

不甘居人下，才能成为人上人	30
目光高远的人，总会以大局为进退准绳	32
扳正自己的人生轨迹	34

走自己的路，让别人去说吧	37
四处出击，只能徒耗精力	40
咬定目标不放松	41
把精力用在一个目标上	42
有什么样的目标，就有什么样的人生	43
没有理想就等于没有灵魂	44
让雄心主宰自己的思想和行为	46
有大气魄的人，才有大成就	47

第三篇　品格是纵横天下的通行证

海纳百川，有容乃大	52
做人不可无容人之量	54
有大胸怀才有大成功	55
气小量狭，终会一败涂地	57
一个讲信用的人也是坦诚的人	60
失信于人将付出大代价	61
诚实是一笔无形的财富	63
用隐忍的态度感动"高人"	64
道歉是值得尊敬的事	66
学会道歉，不必再找"托词"	68

第四篇　交际有道

千难万难，识人最难	72
听清言外之意，别让朋友伤了你	73
创造机会与人相识	75
多谈对方的得意之事	77

激起对方的说话欲望	79
不妨流露真实感情	80
多为对手鼓掌叫好	83
化敌为友	84
没有永远的敌人	85
百善孝为先	86

第五篇　聪明做人，机智做事

低调做人，以退为进	90
人在屋檐下，要学会低头	91
不怕不精明，就怕小糊涂	93
能忍则忍，退一步海阔天空	95
过于精明会搬起石头砸自己的脚	97
机关算尽，聪明反被聪明误	98
强出头者必招来祸患烦恼	100
贪婪是人生最大的愚蠢	102
戒骄戒躁，夹着尾巴做人	103
韬光养晦，示弱于人巧避祸	105
含蓄也是一种美	107
拿得起是勇气，放得下是度量	110
有所放弃更有所坚守	112
学会表现自己	115
通过比较提高决策的准确度	116
要有序不要无章	118
大富来自于坚守小利	122
像蜜蜂一样工作	124

第六篇　命运掌握在自己的手里

机遇对每一个人都是公平的	126
要独立不要依赖	129
习惯是一点一点积累的	132
追求的背后都藏有副产品	135
像夕阳一样，在黄昏时也要无限美好	136
做个惜时如金的人	138
天道酬勤	141
为成功积蓄足够的能量	144
不学习的人就不会成功	146
学习是一生都要面对的课题	151
把小事做到位	155
进取心是一种极为难得的美德	157
瞄准看似不可能的目标	159
成功的路上总要经历坎坷与磨难	160
钢铁是这样炼成的	163
忍耐让你的生命更具张力	164
与其专注于灾难的深重，不如努力寻求希望	166
付出越多，馈赠越多	171
附录　名人有关做人的名言欣赏	173

第一篇
心态决定命运

靠"心"字取胜

一个心理健康的人，必须具有一副好心肠、一个好心态、一份好心情。这样，不仅自己会快乐而且会把快乐感染给身边的每一个人。比如，对一名女人而言，在审美观转型、多变，并强调其世界性与个性化的今天，"女人心"在男人的眼里，已成为头等魅力"要项"。生活中，许多相貌一般的女孩都有帅哥陪伴左右，表面上看也许有点不协调，但仔细一瞧就会发现，她一定有其独到的心灵力量，她凭借的是个性之光、智能之美，简言之，就是靠一个"心"字取胜。

影视明星章子怡的可爱，就在于她率真、平和的心态。早在她当年报考中戏的时候，初试当天她朗诵了一首诗——《如果我是一滴水》，结果背到一半忘了词，她就站在那儿，很可爱地笑着，一点也不急，最后是一位男老师接着"帮"她背完的。临走时，章子怡还说："谢谢老师帮我背完了。"当时，她非常轻松，没有一点紧张的情绪，正是这种良好心理素质赢得了评委们的好感与好评，最后，她成功了。"可爱"绝对是由内到外的一种芳香的绽放。

据说，"开心"一词的流行，是从港台众星开始的。确实，一个人懂得自我调节心情，才会有成功的事业和幸福的爱情。

媒体上有传闻说，戴安娜王妃曾为取悦王子，保持苗条的身段，一度患了厌食症，常常是吃下东西就呕吐。但查尔斯王子却没有因此心怀感激，反而感到恶心。"我们的蜜月充满了呕吐的气息。"查尔斯如是说。据报纸记载，他与戴妃离婚时，她的三围是35-28-35（英寸），被美容专家称为"魔鬼身材"。

令世人不可思议的是，那个又老又丑的卡米拉，却让王子痴恋几十年，因为她风趣幽默、聪明、会逗王子开心，王子在她身边，会很轻松，"就像坐在马桶上看书"一样引人入胜又有安全感……卡米拉第一次与查尔斯见面时，就直言不讳地说："查尔斯，我曾外祖母是你曾祖父的情妇，你怎么看？"由此可见，卡米拉是用心表达，而非以色取胜，结果她笑到了最后。2005年4月9日，56岁的查尔斯与57岁的卡米拉举行了婚礼。两个有情人终成眷属。

歌坛小天后萧亚轩自出道以来，老是绯闻缠身，流言不断，但她总是热力四射，快活如仙，原来她发明了一种解闷抗压、放松心情的新办法——打毛衣。她从中得到很大的乐趣，而且可镇定神经，舒缓压力，从而获得了好的心态，使自己更具魅力。

周蕙、江美琪不算是漂亮的，但她们一样走红歌坛。周蕙说，相由心生，健康开朗很重要，"如果有人夸我长得很漂亮，他一定是在说谎！"江美琪很清楚自己不是那种令人惊艳的美女，但是她呼吁大家一定要看她"第二眼"，就会渐渐发现她的"人缘美"。

因为她是标准的"第二眼美女"。

资深美女关之琳的个人秘诀是"要保养好自己，心情很重要"。

以上几个成功女人，都是靠心取胜。对于大多数女人来说，无不有所启示。当然，一个会用"心"的人，就是要在乎自己的内心感受，并善于把它表达出来。

比如说，女人在指责自己的爱人时，就不应当说"你为什么这么晚才回家，也不打个电话！"

而应该说"我急死了，你这么晚才回来。"同样的意思，前者话一出，本来心存歉意的男方可能会因为挨骂，懒得说对不起；后者只是换了一下主语，注重的是表达自己为对方担忧的心情，结果让晚归人听起来就比较舒服，感受到的是你的关心，而非疑心。

做人感悟

一个懂得用"心"的人，对自己的事业、爱情和健康都是极其有利的。是的，像周蕙和江美琪一样，她们内心明亮，结果人们都觉得她们外表很靓。章子怡、卡米拉善于用"心"，她们能够从内心开始武装自己、打造自我，结果事业显得顺达，爱情变得明媚，人生也就像七色阳光一样，多姿多彩。

保持特色，形成自己的优势个性

所有的能力都是自然界的一种独特赋予，除了自己之外，没有人知道你能做些什么，也只有你自己知晓你的特长、兴趣在哪里。了解自己的个性，抓住优势所在，才能清楚地知道哪条路更适合你。保持自己的特色，形成优势个性，才具有强势的竞争力。

蔡志忠，1948年生于中国台湾彰化。由于蔡志忠的四个哥哥和两个姐姐全部夭折，父母对他更加疼爱，对他唯一的期盼就是能健康快乐地生活。父母对他的管束相对宽松，这也就养成了他独立思考判断的个性。

小时候的蔡志忠就喜欢绘画，五岁时画得画就有模有样了。不过，他也只喜欢画画，对于功课就没有那么认真了。上到初中的时候，他也是如此，功课一直不怎么好。这时候，他仔细思考了自己的路，他的独立思考的个性让他做出了一个特别的选择——退学画画。

蔡志忠认为：“做人最重要的就是要了解自己，有人适合做总统，有人适合扫地。如果适合扫地的人以做总统为人生目标，那只会一生痛苦不堪，受尽挫折。"而他，就是适合做一个漫画家。

蔡志忠的选择是正确的。他15岁开始从事漫画创作，1981年获金马奖最佳卡通片奖，1983年开始画四格漫画《大醉侠》、《光头神探》和中国古籍经典漫画《庄子说》、《老子说》等，迄今为止已达一百多部，作品在31个国家和地区出版，总销量逾3000万册。1999年获得荷兰克劳斯王子基金会的奖项，表彰他通过漫画将中国传统哲学与文学做了史无前例的再创造。他的作品被译成24种文字，36种版本，每天至少有15部机器在印蔡志忠的作品，他连续两年获台湾10名畅销书作家之首。

蔡志忠独立思考的个性依旧保持着，他的画作也保持着自身独特的优势。就这样，他不停地画，最后画出了自己的一片天空。

海伦一岁时便遭遇了可怕的病魔，一个健康的孩子忽然成为盲、聋、哑集于一身的残疾人，这个生命力无比充沛的小姑娘随着年龄的增长越来越无法忍受那禁锢着她的黑暗，于是脾气变得暴躁，主观地抗拒着世界，拒绝与任何人接触。

少年海伦的个性就是在这种环境中初步形成的，极端、悲观。

后来，当她受到了老师萨莉小姐的启发后，自我意识觉醒，开始了个性重建的艰难历程。终于，她冲破了束缚自己的黑暗，成为一个个性日趋完美的、对人类怀有博大的爱、在厄运中成才的典范。

从蔡志忠的经历可以看出：每个人都有自己独特的个性优势，如果能够认识自己，保持独特的个性优势，不断改进自己，完善自己，那么，他的一生就会快乐、充实而有意义，他也会在自己喜欢的领域取得很大的成就。我们从海伦的成长历程中更应该看出，个性是可以培养的，优势是可以后天形成的。

个性指的是一个人在其生活中经常表现出来的、比较稳定的、带有一定倾向的个体心理特征的总和，是一个人区别于其他人的精神面貌或心理面貌。为什么有的人与你只有一面之交，你却从此将他铭刻在心，而有的人虽然与你朝夕相处，却从未在你脑海中掀起波澜？为什么有的人令你终身难忘，而有的人则很难在你的心中占一席位置？奥妙就在于这样一个既简单又复杂、既平常而又不平常的概念——个性。个性鲜明的人会给人留下深刻的印象，千人一面，没有自己特色的人，别人会视而不见。

个性实在是一笔财富，保持独特个性，才拥有创造财富的资本。在人类历史上，你是独一无二的，应该为这一点而庆幸，应该尽量利用大自然所赋予你的一切。归根结底，所有的艺术都带着一些自传性，你只能唱自己的歌，只能画自己的画，只能做一个由你的经验、你的环境和你的家庭所造就的你。不论情况怎样，你都是在创造一个自己的小花园；不论情况怎样，你都得在生命的交响乐中，演奏自己的小乐器；不论情况怎样，你都要在生命的沙漠上数清自己已走过的脚印。

做人感悟

充满竞争的年代，不仅是才能的竞争，更是个性的竞争。不清楚自己的独到之处，不了解自己潜在的优势，就很难凭真本事去竞争，就很

难在择优的环境中显出实力，那么你的愿望就只能是愿望。要想施展自我，要想不被别人牵着走，就要保持特色，形成自己的优势个性。

做好情绪管理

近些年来，在很多关于成才道路的讨论中，有一个热门题目，就是所谓"情商"的话题。许多专家都认为情商是事业成功的重要因素，一个人的情商高低主要表现在自我认知的能力、自我控制的能力、交际能力等。从心理平衡的观点看，把握心理天平的本领就是这些能力的集中表现。

事实上，许多人都知道成功应当具备的条件，一个新的公式出现了：IQ加EQ又加CQ还要加AQ，等于SQ（成功智商）。EQ是情商，CQ是创造力，AQ是逆境商。偏偏我们过去的教育，有80%是在教IQ。为什么？因为重视一"智"独秀，重视智力的培养，而偏偏对EQ——态度、情绪管理能力、人际关系能力、沟通力、合作力和一个人碰到挫折时自我激励的能力却丝毫不加以关注。

已经去世的可口可乐前总裁——古滋·维塔是古巴人。几十年前他们全家人匆匆地逃离了古巴，来到美国，身上只带了40美金和100张可口可乐的股票。而40年后，这个人竟然能够领导可口可乐公司，让这家公司在他退休的时候资产增长7倍，可口可乐股票的价值涨了30倍！他讲了这样一句话："一个人即使走到了绝境，只要你有坚定的信念，抱着必胜的决心，你仍然还有成功的可能。"

成功永远躲在挫折的后面。所以如果你尚未成功时，一碰到挫折就自动放弃，那么你永远与成功绝缘。

如今，复杂多变的社会环境使得仅仅擅长于自然科学逻辑思维的高智商者几乎难以施展其才能，因为他们当中有些人，虽然个人抽象科学思维能力很强，但协作系数很小，社会活动和组织能力很弱，即使仅仅领导两三位助手，也常常为如何处理他们之间的人际关系问题而苦恼。由此可见，仅仅拥有高智商并非一定会使事业有成、生活快乐。

一个人的知识、思维能力的确会在你成功的过程中产生重大影响——一个低智商者很难形成具有哲理的理性心理平衡逻辑。但把握情绪的能力既需要以高智商和高情商为基础，又不完全等同于智商和情商。它是在智商和情商相结合的基础上，通过不断的实践磨炼而逐步获得的一种能力。所以想成功的话，良好的情绪管理能力是必不可少的。

第一，自控。

自控就是控制自己的情绪。控制自己的情绪不是一件容易的事情，因为我们每个人心中永远存在着理智与感情的斗争。自我控制、自我约束也就是要求一个人按理智判断行事，克服追求一时情绪满足的本能愿望。一个真正能够自我约束的人，即使在情绪非常激动时，也能够做到这一点。

自由并非来自"做自己高兴做的事"，或者采取一种不顾一切的态度。自己要战胜自己的情绪，证明自己有控制自己命运的能力，就必须学会自控。如果任凭情绪支配自己的行动，那便使自己成了情绪的奴隶。作为一个人，没有比被自己的情绪所奴役更不自由的了。

我们每个人都在通过努力做使自己生活更有意义的事，并且向着未来的目标奋进。

但是，生活在现实的世界中，我们绝不应该采取仅使今天感到愉快的态度而丝毫不顾及明天可能发生的后果。我们的情绪大都容易倾向于获得暂时的满足，所以我们要善于做好自我约束。但是必须注意的是，那些提供大量暂时满足的事，通常就是对我们长期的健康、快乐和成功最有害的事情。因此，在追求一种有意义的生活时，我们应当努力预测自己所从事的事情对将来可能产生的后果。

第二，自律。

不可否认，人是有欲望和需求的，如果对欲望和需求不加以约束和克制，欲望就会自我膨胀。权欲、名利欲、占有欲、贪欲，所有这些都是人生活在社会中，受到社会环境的影响产生的，也最能对人的情绪产生影响。道家所提倡的"清心寡欲"是对待欲望的一种方式，而还有一种方式，就是不加克制地任由欲望膨胀，其结果当然只会增加伤害。

除了欲望，人还有惰性心理以及消极心态，这些都将影响到你的情绪。

成功者无不懂得自律。自律是立志成大事者必须具备的能力和条件。从本质上讲，自律就是你被迫行动前，有勇气自动去做你必须做的事情。自律往往和你不愿做或懒于去做，但却不得不做的事情相联系。"律"既然为规范，当然是因为有的行为会超出这个规范。

比如，刷牙洗脸是每天必须要做的事情，但是在有一天你回到家筋疲力尽，如果你倒床就睡，就是在放纵自己的行为；如果你克服身体上的疲惫，坚持进行洗漱，便是你自律的表现。人们往往会遇到一些让自己讨厌或使行动受阻挠的事情，而在这种情况下，你就应该克服它对情绪的干扰，接受考验。

自律的情况有两种：

一是去做应该做而不愿或不想做的事情；

二是不做不能做、不应做而自己想做的事情。

做到了这两点，就会问心无愧，坦坦荡荡，情绪也会变得开朗而积极。

付出了同样的努力，有人成功了，有人则失败了。他们可能都知道成功的途径，但他们之间有一个主要的不同，在于成功者总是约束自己，去做正确的事情，而不成功的人总是让自己的感情占上风。正如有人所说："我的预见很少出错，但我却常常做错事。"要具备自我约束的能力，必须不断地分析自己的行动可能带来的最长期的影响，必须抑制人的感情的冲动。感情冲动地行事，会陷入一种失去控制的危险生活，然而，我们却依旧凭感情冲动行事。

例如：当一大群人朝着同一个方向行走，而你的理智或常识告诉你那是一个错误的方向时，你自我约束的能力就受到严重的考验。这时也正是你必须运用自我约束的力量压倒你随大溜时那种短暂的舒服感受的时刻，要提醒自己，这个"大溜"从长远看并不一定都正确。而战胜自己之后，你的情绪管理能力也将得到飞跃。

千万不要纵容自己，给自己找借口。对自己严格一点儿，时间长了，自律便成为一种习惯、一种生活方式，你的人格也因此变得更完美。

第三，自尊。

做人要争气，要自尊。自尊不是自我夸大，唯我独尊，是要自己看得起自己，在自己的心中确立这样的信念：天地赋予我的优势并不比别人少一分一毫，别人有的我也有，只要自强不息，锲而不舍，成功就不会少我一分。做人不能自暴自弃，以致辜负了天赋的才华，辜负了美好的人生。

徐悲鸿19岁时由家乡宜兴到上海去谋生，从此开始了他的艺术生涯。1921年，他到法国留学，有个外国学生竟当面挑衅说："中国人愚昧无知，生就的当亡国奴的材料，即使把你们送进天堂里深造，也成不了才。"爱国心强烈的徐悲鸿被激怒了，他说："那好，我代表我的祖国，你代表你的国家，等学习结业时，看到底谁是人才，谁是蠢材！"

徐悲鸿进入巴黎国立高等美术学校后，既学习油画，掌握人体素描的技巧，又研究马的生理结构，画了一千多幅速写。在校第一年，他的油画就受到法国艺术家费拉蒙先生的好评。在多次的竞赛中，他都获得第一名。

1924年，他在巴黎举办了画展，所创作的油画《箫声》《琴课》等，轰动了当地的美术界。那个曾经向徐悲鸿挑衅的洋学生，不得不放下臭架子，承认自己不是中国人的对手。

积善多者，虽有一恶，是为失误，不足以亡；积恶多者，虽有一善，是为误中，不足以存。从历史的观点看，从发展的观点看，从全局的观点看，自尊无疑是命运的保护神。

没有自尊，便没有事业。一个人无论能力大小、地位高低、条件好坏，都应当尊重自己，而不应自感低人一等。莎士比亚说："如果我们把自己看成是泥土，那我们将会真的成为被人践踏的泥土了。"莎士比亚又说："没有自尊就是自卑。"自卑的人，总是安于现状，安于平庸，不求上进，总觉得自己低人一等，矮人三分。其实，你的能力并不比别人差，你的人格并不比别人低，只要你肯自我发掘，自我奋斗，力争朝夕，终有一天会有所成就。

做人感悟

<u>生气不如争气，一个人只有学会坦然地面对一切，才能每一天都过得充足而快乐。</u>

不要让怒火烧伤自己

什么是愤怒？

当面对与自己意愿背道而驰的事情，或听到什么逆耳之言，不能用理智的、正确的态度来冷静对待，不能用合理的方法准确而又恰当地处理，比如：找对方理论，打电话把对方痛骂一通，立即找人申诉，警告胁迫对方，干脆暴力解决，更严重者摔东西、头撞南墙、踢桌子或踢狗、骂娘、大吼大叫、暴跳如雷等，这种最粗暴简单的表现就是愤怒。

愤怒，体现的是理性的不健全，越是愚蠢、粗鲁的人越容易发怒。愤怒到极限时，最容易导致理性的丧失，说出本不应该说出的话，做出本不应该做出的事。所以经常事后向人赔礼道歉的，多是那些动辄爱动肝火、大发雷霆的人。愤怒和生气是拿别人的错误惩罚自己，伤害的也只能是自己。当一个人愤怒而情绪激动时，整个交感神经系统都运作了，造成瞳孔扩张、心跳加快、呼吸急促、动脉收缩、肾上腺分泌等，甚至有人气得咬牙切齿，全身发抖……在这种情况下，很容易意气用事，结果害人害己，造成无法弥补的损失。

有个叫艾迪的人，一生气就跑回家去，绕着自己的房子和土地跑3圈。后来，他家房子越来越大，土地也越来越广，但一生气，他仍绕着房子和土地跑3圈，哪怕累得气喘吁吁，汗流浃背。后来艾迪老了，走路要拄拐杖，生气时他还是围着土地和房子跑3圈。

孙子不解地问："爷爷，您一生气就绕着房子和土地跑，这里有什么秘密吗？"他对孙子说："年轻时，我不论和人吵架还是争论，只要生气就绕咱家的房子和土地跑3圈。我边跑边想：自己的房子这么小，土地这么少，哪有时间和精力去跟人生气呢？想到这里我的气就消了。气消了，我就有更多的时间和精力去工作和学习了。"

孙子又问："爷爷，现在您老了，也成富人了，为什么还绕着房子和土地跑呢？"

艾迪笑着说:"我老了生气时,也绕着房子和土地跑3圈,边跑边想:我房子这么大,土地这么多,又何必和人计较呢?一想到这里,我的气也消了。"

这个故事告诉我们一个道理:越是逆境之中,越要保持良好的心态,生气没有用,只有为自己赌口气,自己去争气,这才是你的唯一出路。

219年5月,关羽因错走麦城被杀。消息传到蜀国后,刘备捶胸顿足,发誓要为关羽报仇,出兵攻打东吴。蜀中群臣大都加以劝阻,刘备不听。诸葛亮见刘备决心已定,知道劝也无用,便不再说什么了。

一年多以后,也就是221年春夏之交,刘备亲自率领大军,出巫峡,沿长江水陆并进,直扑东吴。孙权见刘备来势凶猛,派人向刘备求和,被刘备拒绝。孙权见求和已无希望,就任命陆逊为都督,率领将军朱然、潘璋等5万人马,抵御蜀军。

双方相持了六七个月,蜀军始终找不到机会跟吴军交战。时间一久,蜀军斗志逐渐涣散,刘备本人也放松了警惕。222年闰6月,陆逊见蜀军懈怠,便命令吴军火烧蜀营,发动猛攻,连破蜀军40余营,杀得蜀军大败而逃。刘备最后一病不起。

刘备作为三国中的主角之一,曾被评为"喜怒不形于色",足见其克制情绪的能力。曹操与他共论天下英雄时,他以惊雷掩饰自己的心志,说明他是一个聪明绝顶的人。但是,即使这样一个聪明的人,也在晚年犯了这样致命的错误,由此看来,控制情绪的确不是一件容易的事情,聪明人发怒的后果,比普通人更危险。

做人感悟

怒火灼伤的永远是自己,而不是别人。

即使遭受厄运,也要学会拥抱生活

贝多芬的父亲是一个宫廷男高音歌手,从4岁起,贝多芬就在父亲的严格要求下弹起了钢琴。之后，钢琴、长笛、小提琴、中提琴、管风琴，贝多芬都能一一演奏。13岁时，贝多芬被任用为宫廷剧场的首席小提琴师和教师、助理管风琴师。

尽管如此，贝多芬的文化程度并不高，仅仅上完了初中就因各种原因辍学了。1789年，贝多芬来到波恩大学听哲学课，同时，认真学习、研究古代神话和文学课程。在这段时间里，他还到过维也纳，见到了奥地利著名的作曲家莫扎特。贝多芬跟着莫扎特上了一段时间的音乐课，深深被莫扎特的治学、为人所感动。1792年，贝多芬移居维也纳，自此，他永远地离开了故乡。这时，贝多芬一心倾慕的莫扎特已经去世，于是他便跟另一位作曲家海顿学习作曲。海顿是一位古板、传统、恪守旧规的教师，喜欢安分守己、唯命是听的学生，而贝多芬的思想则活泼、自由、不拘一格，所以，海顿很不喜欢贝多芬。贝多芬无奈，只好停止了跟海顿学习。

离开了海顿老师，贝多芬下定决心靠自己努力，于是，他便如饥似渴地阅读一本又一本书，思考一个又一个问题，写出了一支又一支乐曲。就这样，贝多芬靠自己的顽强努力终于被认为是维也纳最好的钢琴家和最优秀的作曲家。1800年，他在维也纳举办了第一届公开演奏会，向人们展示了他卓越的、超人的音乐才华。此后，每隔两三年就要举行一次，他要把他所有的新作品随时奉献给喜欢他的听众。

尽管贝多芬在乐曲创作上表现出了不凡的才能，但他本身却连遭不幸和打击。27岁时，他患了耳聋症，而且病情不断恶化。这对于酷爱音乐、视音乐如生命的贝多芬来说，无异于夺去自己的生命。到了中年，他的耳朵一点也听不见了。但是，贝多芬在这段时间里表现出了非常旺盛的创作劲头，在1801年到1812年的10余年间，他创作了《月光奏鸣曲》、《第二交响乐》、《第三交响乐》、《曙光奏鸣曲》、《热情奏鸣曲》、《第四交响乐》和《第五交响乐》等许多成功的作品。

由于贝多芬这些经典性作品的问世，他成了"交响乐之王"。同时，他也成为继海顿、莫扎特之后，维也纳古典乐派的大师。

人生就是建设，一旦建设停止，人生就失败了。农夫只有在春天播下种子，秋天才会有丰收。如果不愿付出艰辛的代价，就不会成功。幸福的第一要素是有所作为。即使遭受厄运，也应不屈不挠地拥抱生活、拥抱苦难，因为天道酬勤。

做人感悟

一个人所受到的压力和他的能力是成正比的，一个人所承受的压力越大，他所释放出的能量也就越大。一位心理学家说，一个人所发挥的能力，只占他全部能力的4%。据说，即使最是伟大的天才，其潜能的发挥也还不到10%。不要拒绝前行，不要吝于付出，做任何事情，都要竭尽所能、全力以赴，总有一天，成功将如约而至。

快乐还是痛苦，取决于你的心态

1848年欧洲大革命失败以后，马克思和恩格斯到了巴黎。由于马克思领导了工人运动，他也成了巴黎"不受欢迎的人"。此前，普鲁士政府、比利时政府、法国政府均曾驱逐过他。为此，马克思曾愤然退出普鲁士国籍，要做一个没有国籍的"世界公民"。

1849年夏，马克思第四次接到"驱逐出境"的命令。这对于当时的马克思来说无异于雪上加霜，因为此时他正陷入"财政危机"，自己家的所有积蓄已全部用作革命经费，连家具也早已变卖，仅有的一套银质餐具也送进了当铺。而且，妻子燕妮又即将分娩，此时被赶走，困难可想而知。

既然不为反动派所容，就只有另奔他国了。于是马克思携带全家，变卖掉所有日常用品，来到了伦敦。到了伦敦，仍然是身无分文。因此，他们一次又一次地因为付不起房租而被迫举家迁移。

1850年12月，马克思领到了一张英国博物馆的阅览证，从此，阅览室成了他的半个家。他每天从上午9点一直工作到晚上8点左右，回到家里还要整理阅读材料所记录的笔记，一般情况，他都是到凌晨二三点钟才休息。他曾对别人说："我为了为工人争得每日8小时的工作时间，我自己就得工作16小时。"马克思每天所摘录的大量资料，都是在为写作《资本论》做准备的。据统计，在伦敦博物馆所藏图书中，马克思阅读过的书籍有1500多种，他所摘的内容和整理的笔记有100余本。

为了更好地完成《资本论》，他广泛收集有关各学科资料，如农艺学、工艺学、解剖学，更不用说历史学、经济学、法律学了。总之，只要与《资本论》有关，不管多么艰难，他也要寻找下去、研究下去。甚至连"蓝皮书"他都一本一本阅读了。"蓝皮书"是英国议会专门发给议员的报告材料，里面记录着英国每年、每阶段的经济报告及经济政策，是研究资本主义经济的第一手资料。马克思非常认真地阅读着，不时地把其中重要的资料摘录下来。

1867年，《资本论》第一卷终于出版了。在这部巨著中，他阐明了剩余价值论，创立了无产阶级政治经济学。《资本论》的出版，是国际共产主义运动史上的一件大事，它迎来了无产阶级新的斗争历程。

当你发现口袋里仅剩一块钱时，你会有什么反应？或许你会很悲观地说："唉，我只剩下一块钱了。"你的心情立即变得很沮丧。或许你会惊喜地大叫一声："哇，我还有一块钱！又可以买一个面包了。"

做人感悟

美国著名的激励大使安东尼·罗宾曾说过：事物本身没有快乐与痛苦之分，一件事究竟是快乐还是痛苦，关键是看你自己保持什么样的心态，用什么样的眼光去看待。如果你对周围的事物感到不舒服，那是你的感受造成的，并非事物本身如此。借着感受的调整，你可以在任何时候都振奋起来。

要勇敢地接受现实

很多时候，很多人总是认为意外事故不可能发生在自己身上。一旦出现意外，他们往往显得非常迷惘，最后不是失落就是抱怨不休。

甘地被誉为印度的"圣雄"和"国父"。一天，他乘坐火车出行，不小心把自己脚上穿着的一只鞋子掉在铁轨上了。此时，火车已经启动了，他不可能再下车去捡那只鞋子了。

旁边的人看到甘地掉了一只鞋子，都为他可惜。可是忽然，甘地弯下身子，把另外的一只鞋子也脱下来，并扔出窗外。

身边的一位乘客看到他这个奇怪的举动后，就问："先生，你为什么要这样做呢？"

甘地笑了笑说："这样的话，捡到鞋子的穷人就有一双完好的鞋子穿了。"

假如丢了鞋子的人是你，你会把另外一只鞋子也扔出去吗？甘地却这样做了。他的大气之举令人佩服，也给我们带来了人生的启示——不要为了已经发生的事情耿耿于怀。

通常我们都会为了生活当中一些不幸的事情而懊恼、抱怨不已——混乱、噪声，东西被偷了，排水管塞住了等。虽然我们抱怨、愤怒、唠叨、自怨自艾时，希望事情会有所不同，但无论我们把自己搞得多沮丧，结果都一样：这些让我们沮丧的事丝毫没有改变。不论我们咬紧牙关或是紧握拳头，对事实都毫无帮助，反而像是火上加油，使原来已经很糟糕的事变得更加糟糕！

相反，如果能够拿得起放得下，勇敢地接受现实，"不为打翻的牛奶哭泣"，往往能够起到积极的效果。

卡耐基是美国的一位著名企业家、教育家和演讲家。在事业刚刚起步的时候，他曾在密苏里州举办了一个成人教育班，当时反响很大，于是他迅速在全国各大城市开办了许多分部。

由于没有经验又疏于财务管理，在他投入很多资金用于广告宣传、租房、日常的各种开销之后，发现虽然这种成人教育班的社会反响很好，但自己所取得的利润并不多。自己一连数月的辛苦劳动竟然没有什么回报，收入也仅仅只够支出的。

卡耐基为此很是烦恼，他不断抱怨自己的疏忽大意。这种状态维持了好长时间，他整日都闷闷不乐，神情恍惚，无法进行刚刚开始的事业。无奈之下，卡耐基只好去找他中学时代的生理老师乔治·约翰逊，向他寻求心灵上的帮助。

第一篇 ◆ 心态决定命运

听完卡耐基的话之后，老师意味深长地说："是的，牛奶被打翻了，漏光了，怎么办？是看着被打翻的牛奶哭泣，还是去做点别的？记住：被打翻的牛奶已是事实，不可能再重新装回瓶子里。我们唯一能做的就是吸取教训，然后忘掉这些不愉快。"

老师的话如醍醐灌顶，让卡耐基的苦恼顿时消失，精神也为之振奋。他又重新投入到了他热爱的事业之中。

"别为打翻的牛奶哭泣！"牛奶打翻在地已经是事实了，再抱怨也无济于事，上帝是不会怜悯我们的眼泪的。我们唯一能做的就是：忘记过失，接受现实，做好下一件事。正如一位诗人所说的："假如你还在为错过白天的太阳而后悔，那么你还将错过晚上的星星和月亮。"

比如，当我们在刷盘子时，不小心打破了一个盘子，与其懊恼不已，不如一笑置之，心平气和地接受这样的事实——打破一个盘子其实也没什么大不了的，现在摆在我们面前的只不过是一个打破的盘子而已。剩下的问题是：盘子已经破了，我们要做的就是引以为戒，小心谨慎，这样才能避免下一个盘子被打破。

在法国的一个偏僻的小镇上，据传有一个特别灵验的泉水，常会出现神迹，可以医治各种疾病。

有一天，一个挂着拐杖、少了一条腿的退伍军人一跛一跛地走过镇上的马路。镇上的居民见了，都带着同情的口吻说："可怜的家伙，难道他要向上帝祈求再有一条腿吗？"

没想到居民的话被这个军人听到了。他不愠不火地转过身，心平气和地对居民说："我不是要向上帝祈求有一条新的腿，而是要祈求他帮助我，让我在没有了一条腿后也知道如何过日子。"

做人感悟

在人生的道路上，即使稍微遇上一点不顺心的事，很多人也会习惯性地抱怨不休。抱怨、失望、悲观，都不能改变现状，反而只会让他们对生活和人生失去信心和继续奋斗的勇气。事实上，上帝是最公平的，每个困境都有其存在的正面价值。既然事情已经发生了，懊恼、后悔都于事无补，唯有摆正心态，勇敢地接受事实，接受人生的得与失，才能让我们的生命充满亮丽与光彩。

在被别人肯定之前先肯定自己

他出生于意大利威尼斯一个商人家庭，本来应该拥有幸福的生活，但战争毁掉了父亲的生意，一家人被迫迁居法国。母亲没有工作，父亲也无力东山再起，一家人的重担都落在他稚嫩的肩膀上。

此时，他在一家红十字会打工，靠着勤奋和聪明当上了一名小会计。但会计的收入很低，根本就应付不了一家人的生活开支。

1949年的一个阴雨绵绵的日子里，在巴黎一个酒吧中，17岁的他独自一人喝着闷酒。

这时，一位衣着华贵的伯爵夫人坐到他的旁边，和他说话。

"你身上的衣服是从哪儿买来的？做得很不错。"

"我自己做的。"

"自己做的？"伯爵夫人显得很吃惊，但她肯定地说，"孩子，努力吧，你一定会成为百万富翁的！"

"我的衣服做得很不错！我一定会成为百万富翁的！"他心头的阴云立即消散了，因为还从来没有一个人这样评价过他。何况，眼前评价他的人还是一个有地位、有身份的贵夫人哩。

1950年，坚信自己能够成为百万富翁的他租了一间简陋的门面，开了一家服装店。就在这一年，他为著名影片《美女与野兽》设计剧装，并主办了一次服装展示会。此后，他的事业步入快车道，一步一步地向着他的目标靠近。

1974年12月，美国《时代》杂志封面上刊登了他的照片，并称他为"20世纪欧洲最成功的设计师。"

他就是皮尔·卡丹。

有人说，在法兰西文明中，有四个知名度最高、地位最突出的文明：

埃菲尔铁塔、戴高乐总统、皮尔·卡丹服装和马克西姆餐厅。这四个文明中的后两个都是皮尔·卡丹的。

如今的皮尔·卡丹，早已超越了百万富翁的目标。在世界上80多个国家里，有600多家工厂在按照他的设计制造"皮尔·卡丹"牌服装和"马克西姆"牌的各种产品。他拥有5000多家专卖店，年营业额超过100亿法郎。

无独有偶，美国黑人孩子罗杰·罗尔斯也出生在纽约的一个贫民窟里。受环境的影响，小时候的罗尔斯养成了种种恶习，诸如打架、骂人、逃学……这让每一个教过他的老师都感到很头疼。

新学期时，学校里新来个一位小学教师，他叫保罗。

其实，保罗早就听说了贫民窟这些孩子的"事迹"，但他想改变这些孩子们，让他们走上一条健康成长的道路。

刚开始的时候，保罗只是苦口婆心地劝说这些孩子们，希望他们做一个有理想、有抱负的人，但结果毫无作用。很快，保罗就想到一个"好主意"——用迷信的方式去教育孩子们，因为这里的人非常迷信。

那天上课时，保罗说："我知道你们都不想上课，今天这节课我们就不上了。"孩子们发出一阵欢呼声。

保罗继续说："在我读书的时候，学校的不远处有一个原始部落，部落里有一位巫师。当地人遇上任何问题时，都会去请巫师占卜。那个巫师还会给人看手相，那时候我请他给我看了手相，他说我以后会成为一名老师。你们看，现在我不是成了老师吗？当时，我还跟着巫师学会了看手相，我通过看手相，可以知道每一个人的未来。今天，我就给你们看看手相怎么样？"

孩子们听了十分兴奋，又发出一阵欢呼声。

保罗让孩子们坐好，他一个一个地给他们看手相。罗尔斯是最后一个，他已经有些忍不住了，他好想把小手伸出去让老师看手相，可他又怕自己的命不好。因为从小到大就没有一个人喜欢过他，也没有一个人说过他将来会有出息。

保罗看到罗尔斯犹豫不决的样子，一下子就猜到了他在担心什么。他走到罗尔斯身边，对他说："每一个孩子都得看手相，你也不能例外。我看

手相看得相当准的,从来没有出现过错误。"

罗尔斯紧张地看着老师,最终还是把手伸了过去。

保罗煞有介事地把那只脏兮兮的小手仔细地翻来覆去研究了很久,然后他盯着罗尔斯,非常认真、非常确信地说:"你好棒哦,你以后会成为纽约州的州长!"

罗尔斯简直不敢相信自己的耳朵:自己会成为纽约州的州长吗?但他坚信老师说得没错,因为老师说了,他看手相看得很准的。他感激地看着老师,并在心中确立了成为州长的信念和目标。

从那以后,孩子们打架、逃学的事件一天天少了。罗尔斯变化最大,他改掉了一切毛病。

这群孩子长大以后,真的有不少人成为富翁或名贵。而罗尔斯也在51岁那年成为纽约州的第53任州长,并且还是美国历史上第一位黑人州长。

皮尔·卡丹和罗尔斯都是在得到别人的肯定之后才改变了自己的。显然,得到他人的肯定是很重要的,但更重要的是获得自己的肯定。生活中,并非每个人都会得到别人的肯定,纵然有某个人、某些人肯定过你,但在你成功之前,也很可能被别人否定,尤其是当自己面临失败时。

著名作家刘墉在《肯定自己》一书中写道:"我不认为自己成功,但我始终追求一个比昨天成功的自己;我也不认为自己有过人的才智,但我不信努力的成果会不如人。我永远奉为座右铭的话是:每个人都应当从小就看重自己!在别人肯定你之前,你先要肯定自己!"

确实,刘墉当初在找人出版《萤窗小语》时,曾遭到多次拒绝。后来他干脆自己掏钱出版,结果这本书上市后竟然大受欢迎。

其实,别人的肯定都是一时的,只有自己肯定自己才是长久的。有不少人不乏他人的肯定,但自己仍然不相信自己,结果一生平平。与此同时,我们还要记住,当自己做出了成绩时,不要总期待着别人来赞许,自己也要为自己鼓掌,对自己说"OK"。

做人感悟

作家劳伦斯·彼德曾评价过这样一些歌手:为什么有些名噪一时的

歌手最后会以悲剧结束一生？究其原因，就是因为他们是靠观众的掌声来肯定自己的。可当舞台的帷幕徐徐落下后，他们便顿感凄凉。其实，在这个世界上，不论是谁，都会有不喜欢自己或嫉妒自己的人，他们承受不了这种打击。人生既然有不能承受之重，我们何不在被别人肯定之前先肯定自己呢？

成长既需要赞美又离不开批评

美国著名作家巴迪·舒尔伯格在谈及自己的成功经验时曾写过一篇文章，讲述了自己年幼时的一次家庭教育，对自己的成长、成才、成功起到了决定性作用。这篇名叫《"精彩极了"和"糟糕透了"》的文章，还曾被选进我国九年制义务教育小学语文教材里。文章的内容是这样的：

记得七八岁的时候，我写了第一首诗。母亲一念完那首诗，眼睛亮亮的。她兴奋地喊道："巴迪，这真是你写的吗？多美的诗啊！精彩极了！"

她兴奋地搂住了我，赞扬声雨点般地落在我身上。我既腼腆又有些得意洋洋，点头告诉她这首诗确实是我写的。她高兴得再次拥抱了我。

整个下午，我用最漂亮的花体字把诗认认真真地重新誊写一遍，还用彩色笔在它的周围描上了一圈花边。将近七点钟的时候，我悄悄地走进饭厅，满怀信心地把它平平整整地放在餐桌上。

七点，七点一刻，七点半。父亲还没有回来，我简直都要等不及了。他是一家影片公司的重要人物，写过好多剧本。

快到八点钟时，父亲终于推门而入。他进了饭厅，目光被餐桌上的那首诗吸引住了。而我在一边紧张极了。

"这是什么？"他伸手拿起了我的诗。

"亲爱的，发生了件奇妙的事。巴迪写了一首诗，精彩极了……"母亲上前说道。

"对不起，我自己会判断的。"父亲开始读诗。

我把头埋得低低的。诗只有十行，可我觉得他读了几个小时。

"我看糟糕透了。"父亲把诗扔回原处。

我的眼睛湿润了,头也沉重得抬不起来。

"亲爱的,我真不懂你这是什么意思?"母亲不满地嚷着,"这不是在你的公司里!巴迪还是个孩子,这是他写的第一首诗,他需要鼓励!"

"我不明白,"父亲并不退让,"难道这世界上糟糕的诗还不够多么?"

我再也受不了了。我冲出饭厅,跑进自己的房间,扑到床上失望地痛哭起来。

饭厅里,父母亲还在为那首诗争吵着。

几年后,当我再次拿起那首诗时,我不得不承认父亲是对的,那的确是一首相当糟糕的诗。但母亲还是一如既往地鼓励我,因为我还一直在写作。有一次,我鼓起勇气给父亲看了一篇我新写的小说。

"写得不怎么样,但还不是毫无希望。"

根据父亲的批语,我学着修改。那年我还未满十二岁。

现在,我已经有了很多作品,出版、发行了一部部小说、戏剧和电影剧本。我越来越体会到我当初是多么幸运。我有个慈祥的母亲,她常常对我说:"巴迪,这个是你写的吗?精彩极了!"我还有个严厉的父亲,他总是皱着眉头对我说:"我想这个糟糕透了。"

这些年来,我少年时代听到的这两种声音一直交织在我的耳际:"精彩极了"、"糟糕透了";"精彩极了"、"糟糕透了"……它们就像两股风一样,不断地向我吹来。

我谨慎地把握住我生活的小船,使它不被任何一股风刮倒。

我们在工作与学习中要想获得成功,既离不开赞扬,也离不开批评。

做人感悟

激发人的潜能,以赞扬为最佳方案,像"大禹治水"的道理一样,应多加"疏导"。但也不能一味地赞扬,还必须有"鞭策"。因为赞美是一把双刃剑,一个错误的赞美,会使人迷失方向。比如小孩子拿了同学的一件东西,父亲夸奖他聪明,那这次"赞美"可能就会成为孩子长大后罪犯的动力源泉。希腊谚语说:"谨防鼻子上有疮却被恭维为美。"

古人说："道吾好者是吾贼，道吾恶者是吾师。"总之，我们要善于发现别人的优点并选择他真正在乎的事，或强调他缺乏信心的事，这才能达到效果，让成功者总结经验，不要被胜利冲昏头脑。

要谦虚不要自卑

德国哲学家黑格尔说："自卑往往伴随着懈怠。"自卑，可以说是一种性格上的缺陷，表现为对自己的能力、品质评价过低；同时可伴有一些特殊的情绪体现，诸如害羞、不安、内疚、忧郁、失望等情绪。而谦虚则指不自满，肯接受批评，并虚心向人请教。

有真才实学的人往往虚怀若谷、谦虚谨慎；而不学无术、一知半解的人，却常常骄傲自大，自以为是，好为人师。

20世纪的中国作家和文化先驱之一的蔡元培先生曾有过这样一件逸事：

一次，伦敦举行中国名画展，组委会派人去南京和上海监督选取博物院的名画，蔡先生与林语堂都参与其事。法国汉学家伯希和自认是中国通，在巡行观览时滔滔不绝，不能自已。为了表示自己的内行，伯希和不断向蔡先生说："这张宋画绢色不错"，"那张徽宗鹅无疑是真品"，同时还对墨色、印章如何等进行评价。

林语堂默默地注意观察着蔡先生的表情，他既不表示赞同，也不表示反对意见，只是客气地低声说："是的，是的。"一脸平淡冷静的样子。

后来，伯希和若有所悟，闭口不言，面有惧色，大概是从蔡元培的表情和举止上担心自己说错了什么，出了丑自己还不知道呢！

林语堂后来在谈到蔡元培先生时还就伯希和一事感叹说："这是中国人的涵养，反映外国人卖弄的一幅绝妙图。"

真正的谦虚不需要嘴上的唯唯诺诺，更不是一味的妄自菲薄。真正的谦虚是发自内心地认真对待每一件事，或许这件事是一件微小而容易的事。

做人一定要谦虚，但却不可以自卑。谦虚可以提高人的涵养，使人不断进步；而自卑除了消磨一个人的雄心、意志，使人自暴自弃、悲观泄气之外，别无他处。

作为年轻人的我们，生活、事业都刚刚起步，前方的征途还相当漫长，即便起步时迟缓一些，或走了一些弯路，成绩一时不如人，也远不足以决定一个人的一生。如同一个优秀的长跑运动员，刚起跑时比别人慢了一些，并不要紧，只要攒足劲、加加油，照样可以赶上、超过前面的人，甚至可能拿到金牌。所以，自卑是大可不必的，只要树立信心、相信自己，就一定会取得胜利。

二十多年前，张越在北京的一所大学里上学。她是个很自卑的人，总之疑心同学们会在暗地里嘲笑她，嫌她肥胖的样子太难看。为此，她不敢穿裙子，甚至连体育课都不敢上。

大学结束时，她差点儿就毕不了业，不是因为功课太差，而是因为她不敢参加体育长跑测试！老师说："只要你跑了，不管多慢，都算你及格。"可她就是不跑。她想跟老师解释，她不是在抗拒，只是因为恐惧——恐惧自己肥胖的身体跑起步来一定非常愚笨，一定会遭到同学们的嘲笑。

可是，她连给老师解释的勇气都没有，茫然不知所措，只能傻乎乎地跟着老师走。老师回家了，她也跟着。最后老师烦了，勉强算她及格。

肥胖让张越产生了严重的自卑心理。自卑不仅使她失去了很多快乐的时光，也给她的心灵造成了很大的创伤。但这并没有压倒张越，最终她还是通过自己不懈的努力，靠着自己自信的才学，给大家展示出了她优秀的一面，成为央视的一位著名节目主持人。

自卑属于性格上的一个缺点。自卑者往往对自己的能力、品质等作出偏低的评价，总觉得自己不如别人，从而悲观失望、丧失信心等。在社交中，具有自卑心理的人孤立、离群、抑制自信心和荣誉感。当受到周围人们的轻视、嘲笑或侮辱时，这种自卑心理还会大大加强，甚至以嫉妒、自欺欺人的方式表现出来。自卑是一种消极的心理状态，是实现理想或某种愿望的巨大心理障碍。但是，自卑却是可以通过的自身努力来克服和战胜的。

张越就是靠着自己的努力，相信自己，不断努力完善自己，最终战胜了自卑心理。凭着自己的努力，她最终成为中央电视台的著名节目主持人，

第一篇 ◆ 心态决定命运

而且还是第一个完全依靠才气而丝毫没有凭借外貌走上中央电视台主持人岗位的一位成功女性。所以，做人就应该相信自己，不可让自卑心理左右自己。只要相信自己，你就是最棒的。

自卑是一种懦弱胆小的行为，而谦虚则不同于自卑，它与自卑没有丝毫的相同。谦虚是通向希望的道路，自卑则是显示出一个人心里阴暗面的指示灯。

做人要谦虚不要自卑。自卑者在别人要把一项工作交给他时，他会说"我做不到"、"我太差了"等灰心的语言，把自己放到最低等的位置上；谦虚是在得到了十分好的成绩时，不骄傲，只是说"别人还有许多值得我学习的地方"、"我还不够棒"之类的话，然后继续踏踏实实地学习，不自满，这就是谦虚。自卑往往会被谦虚所庇护，但这样的"谦虚"是不可取的。

做人不能自卑。自卑的人永远都是失败者，因为他们在困难面前没有勇气去面对，只会一次次用借口逃避现实，只会抱怨自己、鄙视自己，最终走向失败。

所以，一个人要想获得成功，就必须具备两种素质：相信自己、谦虚谨慎；绝不自卑，更不自满。

苏格拉底就是一位谦虚的著名哲人。每当人们赞叹他学识渊博、智慧超群时，他总是谦逊地说："我唯一知道的就是我自己的无知。"

还有被人们称为"力学之父"的牛顿，在力学上，发现了万有引力定律；在热学上，他确定了冷却定律；在数学上，他提出了"流数法"，建立了二项定理和莱布尼兹定理。几乎在同时，他还创立了微积分学，开辟了数学上的一个新纪元。他是一位有着多方面成就的伟大科学家，然而他却非常谦逊。对于自己的成功，他谦虚地说："如果我见的比笛卡儿要远一点，那是因为我站在巨人的肩上的缘故。"他还对人说："我只像一个在海滨玩耍的小孩子，有时很高兴地拾着一颗光滑美丽的石子儿，真理的大海还是没有发现。"

谦虚，自古就被视为美德。它是人们不断完善自我的途径，是通向成功的必要条件，只有谦虚，人才会不断进取，取得更大的成就；同时，还会使一个人显得更有风度和雅量。

19世纪的法国名画家贝罗尼到瑞士度假时，每天都背着画架到各地写生。有一天，他在日内瓦湖边用心画画，来了三位英国女游客看到他的画后，便在一旁指手画脚地批评起来，一个说这儿不好，一个说那儿不对，贝罗尼都一一修改过来，末了还充满感激地跟她们说了声"谢谢"。

第二天，贝罗尼有事到另一个地方去，路上遇到了昨天的那三位妇女。那三位英国妇女看到他后，便朝他走过来，问他："先生，我们听说大画家贝罗尼正在这儿度假，所以特地来拜访他。请问你知不知道他现在在什么地方？"

贝罗尼朝她们微微弯腰，恭敬地回答说："不敢当，我就是贝罗尼。"

三位英国妇女大吃一惊，想起昨天的不礼貌，一个个红着脸跑掉了。

这个事例给我们的启示是：才识、学问越高的人，在态度上反而越谦虚，希望自己在事业上能够精益求精，更上一层楼。也正因为如此，他们往往具有容人的风度和接受批评的雅量。

因此，在生活中我们要懂得谦虚，要树立自信，战胜自卑。在自信中学会成长，在谦虚中学会进步。让我们的人生在谦虚和自信的妆点下，变得更加丰富多彩。

做人感悟

当今社会，需要的是勇于开创的改革者和迎难而上的开拓者。那些在谦虚的掩饰下不求进取的自卑者，需要的是走出无知、落后的阴影。因为只有脚踏实地、勇于进取，才能走向自信，最终走向成功！

热忱使你更杰出

拿破仑在离开巴黎就职后，得到的是3800名士气低落、缺粮少饷的"乞丐部队"。1796年4月10日，在他的部队总攻之前，拿破仑发表了热情洋溢的鼓动性演说。他甚至承诺，在战斗取得胜利之后可以任由士兵们去劫掠战利品。

重赏之下必有勇夫，所有士兵的眼睛都睁圆了。这样，拿破仑靠着这种激励法重新振奋了士气，凭借着卓越的领导才能，将一支"乞丐部队"变成了一支百战百胜的部队。拿破仑的鼓动性演说，最终竟使他的"乞丐部队"所向披靡。这里，他所依靠的就是最大限度地发挥他部下的热忱。

热忱并不是一个空洞的名词，热忱其实是成功和成就的源泉。你追求成功的热忱越强，成功的概率就越大。热忱可以使你释放出潜意识的巨大力量。如果没有它，你就像一个已经没有电的电池一样，毫无用途。

热忱是做人或做事都不可或缺的条件。没有热忱，军队就无法取得胜利；没有热忱，人们就不可能创造出今天如此丰富的物质生活；没有热忱，人们更不可能征服自然界各种强悍的力量而成为万物的尊长。热忱是一种神奇的要素，它足以吸引你的老板、同事、客户和任何具有影响力的人，它是我们任何一个人在工作中获得成功的关键要素。

如果缺乏对工作的热忱，无论从事什么工作都不会有突出的成就；做事如果总是一副不冷不热的态度，就会在庸庸碌碌中了却此生，你的人生结局将与千百万的平庸之辈一样，无所作为。

当把热情和工作融合在一起，工作也将不会显得辛苦和单调。在热情的鼓舞下，你甚至只需要休息很少的时间，就可以完成平时两三倍的工作量，而且还不会觉得疲倦。

有一天晚上，拿破仑·希尔正在专注地敲着打字机，偶尔从书房窗户望出去——他的住处正好在纽约市大都会高塔广场的对面，看到了似乎是最怪异的月亮倒影，反射在大都会高塔上。那是一种银灰色的影子，是他从来没见过的。他仔细观察一遍才发现，那是清晨太阳的倒影，不是月亮的影子。原来已经天明了，他工作了一整夜。由于太过于专心于自己的工作，他感到一夜的时间仿佛只是一个小时，一眨眼就过去了。他又继续工作了一天一夜，除了期间停下来吃点儿清淡的食物以外，未曾停下来休息一刻。

试想：如果不是对手中的工作充满热忱，而使身体获得了充分的精力，有谁能够连续工作一天两夜，还丝毫不觉得疲倦呢？

同样的一份工作，有热情和没有热情，做起来的效果是截然不同的。前者会令你充满活力，工作干得有声有色，创造出许多辉煌的业绩；而后者只会令你变得懒散、拖沓，对工作冷漠处之。

　　成功与其说取决于人的才能，不如说取决于人的热忱。热忱，使我们的生命更有活力；热忱，使我们的意志更加坚强。不要畏惧，如果有人愿意以半怜悯、半轻视的语调把你称为狂热分子，那么就让他这么说吧。源源不断的热忱会使你永葆青春，让你的心中永远充满阳光。让我们牢记这样的话："用你的所有，换取你工作上的满腔热情。"大多数功勋卓著的伟人都具备这一点。人类最伟大的领袖，就是那些知道如何鼓舞他的追随者发挥热忱的人。

　　我们知道，拿破仑几乎征服了整个欧洲，但他发动一场战役只需要两周的准备时间，换成别人可能很难做到。而且历史也证明，很少有人能够做到他这样。这中间的差别，正是因为他那无与伦比的热忱。战败的奥地利人在目瞪口呆之余，也不得不称赞这些跨越了阿尔卑斯山的对手："他们不是人，而是会飞行的动物。"

　　在第一次远征意大利的行动中，拿破仑只用了15天时间就打了6场胜仗，缴获了21面军旗、55门大炮，俘虏15000人，并占领了皮德蒙特。他的理想充满着把征服一切变为可能的激情。拿破仑的士兵，也正是以这样澎湃的热情跟随着他们的长官，从一个胜利走向另一个胜利。

　　事实上也是如此，一个热情的人，热情也是他内心的光辉。如果将这种特质注入到你的奋斗之中，那么无论面对什么样的困难，你都将战无不胜。所以说，热情是点燃生命的火种，热情是照亮前程的心灯，激荡出你内心澎湃的热情，方能绽放光彩绚丽的人生！

　　热情使人们拔剑而起，为自由而战；热情使大胆的樵夫举起斧头，开拓出人类文明的道路；热情使弥尔顿和莎士比亚拿起了笔，在树叶上记下他们燃烧着的思想；热情使伽利略举起他的望远镜，让整个世界为之震惊；热情使哥伦布克服了艰难险阻，享受了巴哈马群岛清新的晨曦；……因为热情，人们时刻都在不断地革新和创造着这个世界。

　　拥有了热情，你就可以用更高的效率、更彻底的付出做好每一件事；你会觉得，你所从事的工作是一项神圣的天职；你将以更浓厚的兴趣，倾注自己所有的心血把工作做到最好。拥有热情，你就会敏感地捕捉到生活中每一点幸福的火花，体验快乐生活的真谛；拥有热情，你会以宽广的胸怀获得真诚的友谊，用你的爱心、你的关怀、你的胸襟创造和谐的人际关系；拥有热情，你就会以更加积极的态度去面对生活，以高昂的斗志迎接生活中的每一次挑战与考验，以不屈的奋斗精神向自己的目标冲刺，用热情之火将自己锻造成一座不倒的丰碑。

伊尔说："离开了热情是无法做出伟大的创造的。这也正是一切伟大的事物所激励人心的地方。离开了热情，任何人都算不了什么；而有了热情，任何人都不可以小觑。"

我们也应该将这份热情全身心地投入到工作和学习中去，把它当作一种使命来完成，以此发挥出它最大的力量。

保持热情，会使你青春永驻，让你的心中永远充满阳光，更会让你保持对生命以及工作的乐趣。拿破仑·希尔曾说："若你能保持一颗热情的心，那是会给你带来奇迹的。"

做人感悟

热情是这个世界上最大的财富。没有热情，世界上没有一件伟大的事能够完成。热情能激励人去唤醒沉睡的潜能、才干和活力，它是一股朝着目标前进的动力，它也是从心灵内部迸发出来的伟大力量。

第二篇

志向引领未来

不甘居人下，才能成为人上人

人不怕被轻视，就怕没骨气。只要有骨气，那么困难也好、委屈也好、侮辱也好，统统都不是问题，统统都不可怕。他会大气地面对这一切，然后，高高地挺起胸膛，咬紧牙关，发奋努力，最终让别人刮目相看。

吴士宏曾是IBM（中国）公司的总经理。吴士宏现在已经成功了，但她原先只是一个护士，她的成功经历听起来确实让人十分佩服。

多年前，吴士宏还是一个护士，1985年，她决定要到IBM去应聘。当时，IBM的招聘地点在长城饭店，这是一个五星级的饭店——那个时候的五星级饭店可不像今天这样没有"地位"，因为现在的五星级饭店多了。试想，当年的吴士宏，一个连温饱都还没有完全解决的护士，来到长城饭店这样的五星级饭店门口，心情会怎么样？

她回忆说，在长城饭店门口，自己足足徘徊了五分钟，呆呆地看着那些各种肤色的人如何从容地迈上台阶，如何一点也不生疏地走进门去，就这样简简单单地进入另一个世界。她之所以徘徊了五分钟不敢进去，就是因为她的内心深处无法丈量自己与这道门之间的距离。

经过一番思考，她最后当然进去了，否则就没有今天的吴士宏了。她是如何突破这个障碍的呢？就是凭着一台收音机，花一年半时间学完了许国璋英语三年的课程，就是凭着这个经历，自己也应该进去，不就是为了这一天吗？

她鼓足了勇气，迈着稳健的步伐，穿过威严的旋转门和内心的召唤，走进了世界最大的信息产业公司IBM公司的北京办事处。

她的确是个人才，很快顺利地通过了两轮笔试和一轮口试，最后到了主考官面前，眼看就要大功告成了。

俗话说：阎王好见，小鬼难缠。现在已经见到了阎王，她好像什么也不怕了。

主考官没有提什么难的问题，只是随口问："你会不会打字？"

她本来不会打字，但是本能告诉她，到了这个地步，还有什么不会呢？

她点点头，只说了一个字："会！"

"一分钟可以打多少个字？"

"您的要求是多少？"

"每分钟120字。"

她不经意的环视了一下四周，发现考场里没有发现一台打字机，马上就回答："没问题！"

主考官说："好，下次录取时再加试打字！"

她就这样过五关斩六将，顺利地通过了主考官的眼睛。

实际上，吴士宏从来没有摸过打字机。面试结束，她就飞快地跑去找一个朋友借了170元钱，买了一台打字机，就这样没日没夜地练习一个星期，居然达到了专业打字员的水平。

她被录取了，IBM公司"忘记"考她的打字水平了，可是这170元钱，她好几个月才还清。

她成了这家世界著名企业的一名普通员工，可是她扮演的不是白领，而是一位卑微的角色，主要工作是泡茶倒水，打扫卫生，用她自己的话说，"完全是脑袋以下的肢体劳动"。她为此感到很自卑，她把可以触摸传真机作为一种奢望，她所感到的安慰就是自己能够在一个可以解决温饱问题而又安全的地方做事。

可是作为一名服务人员，这种心理平衡很快就被打破了。

一天，吴士宏推着平板车买办公用品回来，门卫把她拦在大门口，故意要检查外企工作证。她没有外企工作证，于是在大门口僵持了起来，进进出出的人就像看大街上耍猴的那样，个个都投来一种异样的目光。作为一位女性，她的内心充满了屈辱，充满了无奈，可是她知道得到这份工作不容易，就没有发泄出来，可是她内心咬着牙齿在说："我不能这样下去！"

以后的另一件事情在她的内心深处留下了更深的印象：

有个女职员，香港的，资格很老，动不动就喜欢指使人给她办事，吴士宏就是她的主要指使对象。

一天，这位女士叫着吴士宏的英语名字说："Juliet，如果你想喝咖啡就请告诉我！"

吴士宏丈二和尚——摸不着头，不知这位自以为是的女人在说什么。

这个女职员接着说："如果你喝我的咖啡，每次都请你把杯子的盖子盖好！"

吴士宏本来是一个很会忍气吞声的人，这次女性的温柔全都不见了，因为她认为那女人把自己当成偷喝咖啡的小毛贼了，这是一种人格上的侮辱。她顿时浑身颤抖，就像一头愤怒的狮子，把埋在内心的满腔怒火全部发泄了出来……

吴士宏想：有朝一日，我要去管公司里的任何一个人，不管他是外国人还是香港人！

不记得是哪位哲人说过"人不可有傲气，但不可无傲骨"，甘愿自卑，就只能沉沦下去，不肯自卑，就会产生无穷的推动力。一次次的屈辱，没有磨灭吴士宏的骨气，反倒激起了她的斗志。吴士宏每天除了工作时间就是学习，就是寻找着自己的最佳出路。

最终，与她一起进IBM的，她第一个做了业务代表；她第一批成为本土的经理；她成为第一批赴美国本部进行战略研究的人；她第一个成为IBM华南地区的总经理——也就是人们常说的"南天王"……

大概这些都没有多大意思，吴士宏还登上了IBM（中国）公司总经理的宝座。

吴士宏为什么成功，我们不知道，我们只知道她从来没有真正害怕过什么东西，即使不会的东西也是这样。只要我们还有骨气，就会努力争一口气，就会无畏无惧地走下去。

做人感悟

做人就该有这么点精神，就该有自立自强的品质，就该有敢于成为人上人的愿望和决心，这种不言败、不服输的劲头，就是一种大气，一种成大事必备的素质。

目光高远的人，总会以大局为进退准绳

目光高远的贤士，凡事都能够以大局为进退准绳，这样的人总是能受

到人们的景仰。

战国时期，群雄争霸，纷纷争权割地自立为王。七雄各占一方，尤其以秦国的昭襄王最为猖狂。他曾用计用十五连城换和氏玉璧，实际上是要以强凌弱欺负赵国。

赵国的蔺相如足智多谋，抗强秦完璧归赵而未受损伤。回国后赵王封蔺相如为丞相，廉颇听说后怒气冲冲。回想自己连年南征北战，蔺相如只不过是凭借着口舌之辩，又怎比自己强？况且他未经过大战却官居在自己之上，因此难免令他怨气熏天。

正在寻思之际，有门客进来报告说："蔺相如赴宴，街上人民高声欢呼丞相，非常荣耀啊！"

廉颇闻听气往上蹿，心想为何不拦住去路好好羞辱他一场。于是率领仆从来到长街上，将人马一字排开在各要路。蔺相如的车马行至此难以再往前进，他连忙吩咐绕道而行以免伤了彼此的和气。廉颇又穿过小巷挡住去路，蔺相如说："这老将故意地拦挡去路，我退让又有什么关系？"于是再次叫唤从人另寻别路去赴宴。

谁知老将廉颇又一次追赶到前方。这次拦路更鲁莽，命仆从口出不逊，说短论长。蔺相如镇静心神，细细地琢磨："这老将再三地刁难，虽年过花甲却像孩童一样，竟忘却将相不和乃是国家不祥。"于是，令从人将车马退转，罢宴回府，这时候廉颇才得意扬扬地大笑。

不久这件事就传遍大街小巷，惊动了大夫虞卿，他便入朝禀告大王。赵王听后沉吟了半晌，认为这件事关系国家兴亡，连忙命虞卿快去调解，并告诫虞卿必须要那二人和好。虞大夫领命先到丞相府。虞卿说："我最近听说老将廉颇得罪了丞相，挡路三次。多蒙丞相宽宏大量，我奉王命特来问候。"蔺相如说："我为国家而退让，众诸侯国畏惧他武艺高强。倘若我们同室操戈生内乱，那强秦一定要乘虚而入。我蔺相如若有过失得罪了老将，我情愿谢罪赔礼。"虞卿点头称赞。

虞卿又来到将军府，通禀后与廉颇相会。虞卿说："我久慕老将军知兵善战，威镇诸侯。这朝中文有蔺相如、武有将军你，何愁赵国不富强。"

廉颇听后怒容满面："那蔺相如是何等之人。不配伴在君王之侧。提起赵国安危唯我一人独掌，那蔺相如他有何能保国安邦。这赵国有廉颇在朝一日，管叫他宰相做不长。"

虞卿摇头微笑道："老将军，蔺相如只身入强秦谁敢前往，不怕油锅威吓，气吞八荒。不辱使命完璧归赵，在渑池众诸侯的面前羞辱秦王。他不怕鼎油烹怎能怕将军你，蔺相如有明察远见，不和将军论短长。那秦王若知你们将相不和，一定要兴兵来犯。到那时内忧外患必难以固守，蔺相如他怕的是国破民亡、妻离子散啊。"

廉颇闻听如梦惊醒："虞大夫！蔺相如真是深明大义，我做事太蛮横骄傲了。蔺丞相为国为民低头忍辱，太可敬了，真叫我越想越愧悔。我立刻到他那里去负荆请罪。"

于是，廉颇摘金盔脱蟒袍身背荆杖，徒步而行前往相府。到门前也不顾禀报就往府内闯，众门客谁都不敢拦挡。廉颇进书房见蔺相如独自躺在床上看书，就含羞带愧的一语不发跪在了一旁。蔺相如一抬头见廉颇跪在一旁，身背荆杖。忙撇下书本惊慌失措地下床跪倒，说："老将军你这是干什么？"

廉颇说："多蒙丞相宽宏大量，以国家为重不忍伤了手足。我从前太自私了，三次蛮横欺压丞相。现在我负荆请罪而来，望丞相责罚教训。"

蔺相如急忙搀起廉颇把荆杖扔在一旁说："老将军，以前的事情就不要再提了，只要我们同心合力抗强敌，无论文武都是国家的栋梁啊！"

做人感悟

蔺相如是一个顾大局识大体的人，他面对廉颇的当街羞辱，能够理智地克制自己的情绪，一再退让，确保以国家利益为重。这种人无论到哪里，无论在什么时候，都是受人欢迎的。能够受人欢迎，那么就会有更多的机会来到身边，自己的事业不会因为一时的退让而有所损失，反倒可能会带来更加意想不到的收获，这是以大局为重之人的益处，所以，做人要大气一点，要以大局为重，该让时一定要让。

扳正自己的人生轨迹

金无足赤，人无完人。凡有血有肉的人，无一不曾与错误打过交道。

犯错误只是一种必然，如何面对错误才是关键。有人漠视过错，任其泛滥，最终酿成大错；有人正视错误，敢于自省，扳正了自己的人生轨迹。

改过，不是一个单纯的由非而是的过程，它是一次涅槃，带来了灵魂的净化、精神的洗礼、人格的飞升。回头浪子，其旧貌和新颜之间，有着质的差别。

著名化学家维克多·格林尼亚于1871年5月6日出生在法国瑟儿堡一个有名望的资本家家庭。其父亲经营一家船舶制造厂，有着万贯家财。

在格林尼亚青少年时代，由于家境的优裕，加上父母的溺爱和娇生惯养，使得他在瑟儿堡整天游荡，盛气凌人。他没有理想和大志，根本不把学业放在心上，倒是整天梦想当上一位王公大人。由于他长相英俊，生活奢侈，瑟儿堡不少年轻美貌的姑娘，都愿意和他谈情说爱。

然而，一次午宴上，他受到了沉重的一击。一位刚从巴黎来到瑟儿堡的美丽女伯爵竟然不客气地对他说："请站远一点儿，我最讨厌被你这样的花花公子挡住视线！"这句话如同针扎一般刺疼了他的心。他猛然醒悟，开始悔恨自己过去荒唐的行为，产生了羞愧和苦涩之感。他立志发奋学习，要追回过去虚度的光阴。

于是，格林尼亚离开了曾使他堕落的家庭，留下了一封信，写道："请不要探询我的下落，容我刻苦努力地学习，我相信自己将来会创造出一些成就来的。"格林尼亚来到里昂，拜路易·波韦尔为师。经过两年刻苦学习，终于补上了过去所耽误的全部课程，进入了里昂大学。

在大学学习期间，格林尼亚的苦学态度赢得了有机化学权威菲利普·巴尔的器重。在巴尔的指导下，他把老师所有著名的化学实验重新做了一遍，并准确地纠正了巴尔的一些错误和疏忽之处。终于，在这些大量的、平凡的实验中，格氏试剂诞生了。

格林尼亚一旦打开了科学的大门，他的科研成果就像泉水般地涌了出来，仅从1901年至1905年，他就发表了200篇左右的论文。鉴于他的重大贡献，瑞典皇家科学院授予他1912年度诺贝尔化学奖。

人非圣贤，孰能无过？事实上非但是常人，即使圣贤也不能无过。只是圣贤比常人更善于改过迁善，所以才显得比一般人伟大而英明。

列宁说："认识到自己的缺点就等于改正了一大半。"莎士比亚说："知错就改,永远是不嫌迟的。能够忏悔的人,无论天上人间都可以不咎既往。"只有善于解剖自己的人,才能找准自己的人生坐标,明明白白地存活于天地之间。一个人知道了自己的短处,能够改过自新,就是好的。

俄国杰出的作家托尔斯泰出身于俄罗斯贵族家庭,青年时期,他一度很放荡,不好好读书,考试经常不及格,老师把他降了班。不久他醒悟了,对自己表示十二分的不满。

他意识到,自己的放荡行为等于慢性自杀,他总结了自己的八点错误,并把它们写在日记本上。

为了更好地杜绝产生错误的根源,他毅然报名从军,用军队严格的纪律来约束自己,使自己能自立自强,并且走上了文学创作的道路。有一次,他被炮弹炸伤,但也从未间断传记体小说《幼年,少年,青年》的写作。经过努力,他写出了《复活》、《安娜·卡列尼娜》等长篇巨著,成为俄罗斯伟大的现实主义作家。

在我国历史上,有不少有作为的人,从歧途转入正道,颇给人启示。东汉时的王涣,年轻时喜欢与一批轻薄的青年玩耍,但后来转变了,史书上称他"晚而改节",做官名声卓著;东晋时的著名爱国志士祖逖年轻时"性豁荡,不修行检",到十四五岁还"不知书",以后发愤学习,博览群书,被人称为"赞世才具";初唐的陈子昂"十八未知书,以富家子,尚气侠,弋博启如",以后感悔,成为开盛唐诗风的诗坛巨擘;晋朝的周处年轻的时候,惹是生非,经常与人打架斗殴,危害乡里,当地人们把他同蛟龙猛虎一样视为"三个祸害",后来周处洗心革面、改过自新,终于成了名扬四方的忠臣孝子。

一个人有了缺点错误并不可怕,只要敢于正视、敢于改正自己的缺点错误,重新确立好的志向,一样可以成为一个有用之才。

做人感悟

反思是修正我们人生轨迹的绝好工具。我们要始终处在不断反思的过程中,通过反思才能不断地修正自己的人生轨迹。我们要思考人生轨迹究竟还有哪些地方需要修正,看看自己的人格到底还有哪些方面需要完善。

走自己的路，让别人去说吧

  但丁·阿利基埃里，意大利最著名的诗人，现代意大利语的奠基者，欧洲文艺复兴时期的开拓人物之一。但丁被恩格斯誉为"中世纪的最后一位诗人，同时又是新时代的最初一位诗人。"但丁一生著作甚丰，其中最有价值的无疑是长篇叙事体诗歌《神曲》，"走自己的路，让人们去说吧！"这句流传于世的经典之辞正是出自其中。

  但丁于1265年出生在意大利的佛罗伦萨一个没落的贵族家庭。年轻时的但丁做过骑士，参加过几次战争。当时佛罗伦萨政界分为两派：一派是效忠神圣罗马帝国皇帝的齐伯林派；另一派是效忠教皇的盖尔非派。1266年后，由于教皇势力强盛，盖尔非派取得胜利，将齐伯林派放逐。盖尔非派掌权后，1294年当选的教皇卜尼法斯八世想控制佛罗伦萨，一部分富裕市民希望城市的独立，不愿意受制于教皇，分化成"白党"；另一部分没落户，希望借助教皇的势力翻身，成为"黑党"。两派重新争斗，但丁的家族原来属于盖尔非派，但丁热烈主张独立自由，因此成为白党的中坚，并被选为最高权力机关执行委员会的六位委员之一。后来，黑白两党相争，但丁所在的白党失败了，黑党人控制了佛罗伦萨，并宣布放逐但丁，从此但丁再也没能回到家乡。

  1315年，佛罗伦萨被军人掌权，他们宣布，如果但丁愿意付罚金，并于头上撒灰，颈下挂刀，游街一周就可免罪返国。但丁回信说："这种方法不是我返国的路！要是损害了我但丁的名誉，那么我决不再踏上佛罗伦萨的土地！难道我在别处就不能享受日月星辰的光明吗？难道我不向佛罗伦萨市民卑躬屈膝，我就不能接触宝贵的真理吗？可以确定的是，我不愁没有面包吃！"在放逐的岁月里，但丁写出了后来享誉世界的名著《神曲》。《神曲》反映出欧洲中古文化领域的成就和一些重大的问题，带有"百科全书"性质，从中也可隐约窥见文艺复兴时期人文主义思想的曙光。在这部长达一万四千余行的史诗中，但丁坚决反对中世纪的蒙昧主义，表达了执著地追求真理的思想，对欧洲后世的诗歌创作有极其深远的影响。

　　正是相信了自己所选择的道路，但丁才没有在被免罪返国时背弃自己理想；正是因为他坚持了自己的人生信仰，也才会有《神曲》的问世。

　　但丁的这句名言对每个人来说都不陌生，可是，在现实生活中，又有几个人能真正地信奉它、实践它呢？为何一定要不断放大自己的弱点，为什么一定要站在别人的背后。要知道世界上没有两片一模一样的叶子，每个人都是世界上独一无二的，相信自己能行，相信自己永远都是独特的。

　　惠特曼是美国著名的民主诗人，他歌颂民主自由，体现了美国人民对民主的渴望，他赞美劳动人民和创造性，他的诗给人以积极向上和生气勃勃的精神。

　　当年，著名作家爱默生的演讲令年轻的惠特曼激动万分："谁说我们美国没有自己的诗篇？我们的诗人文豪就在这儿呢……"爱默生的话让惠特曼热血沸腾，他浑身升腾起一股力量和一种无比坚定的信念，他决心渗入各个领域、各个阶层、各种生活方式当中去。他要倾听大地的、人民的、民族的心声，去创作出新的不同凡响的诗篇。

　　后来，惠特曼的《草叶集》问世了。这本诗集热情奔放，冲破了传统格律的束缚，用新的形式表达了民主思想对种族、民族的社会压迫的强烈抗议。

　　它对美国和欧洲诗歌的发展产生了巨大的影响。《草叶集》的出版使爱默生激动不已。诞生了！国人期待已久的美国诗人在眼前诞生了，他给予这些诗以极高的评价，称这些诗是"属于美国的诗"、"是奇妙的"、"有着无法形容的魔力"、"有可怕的眼睛和水牛的精神"的诗篇。

　　《草叶集》受到爱默生这样很有声誉的作家的褒扬，使得一些本来把它评价得一无是处的报刊马上换了口气，温和了起来。但是惠特曼那创新的写法、不押韵的格式、新颖的思想内容，并非那么容易被大众所接受，他的《草叶集》并未因爱默生的赞扬而畅销。然而，惠特曼却从中增添了信心和勇气。1855年年底，他印了第二版，在这版中他又加进了20首新诗，效果仍然不是很好，但惠特曼依然在坚持。

　　1860年，当惠特曼决定印行第三版《草叶集》并将补进新作时，爱默生竭力劝阻惠特曼取消其中几首刻画"性"的诗歌，否则第三版将不会畅销。面对这位激发了自己的斗志、影响了自己一生的前辈，惠特曼并没有妥协："删除后，这还会是一本完整的书吗？"爱默生也坚持着："删了这些这本书必定是一本好书！"

但是执著的惠特曼仍是不肯让步，他对爱默生表示："在我的灵魂深处，我的意念是不服从任何束缚的，它在走着自己的路。《草叶集》不会被删改，任由它自己繁荣和枯萎吧！"他又说："世上最脏的书就是被删减过的书，删减意味着道歉、投降、不自信……"

就这样，第三版《草叶集》出版了，也获得了空前的成功。不久，它便跨越了国界，传到了英格兰，传到了世界上的许多地方。

为什么不被爱默生看好的第三版《草叶集》可以获得巨大的成功呢？原因很简单，就是因为惠特曼的坚持，因为他坚信自己的诗歌可以震撼人们的心灵。拥有坚定的信念，并有勇气一直追求下去，走自己的路，最终会找到属于自己的天空。

先哲苏格拉底曾被人贬为"让青年堕落的腐败者"。

小时候的贝多芬被他的老师说成"绝不是个当作曲家的料。"

达尔文当年决定放弃行医时，遭到父亲的斥责："你放着正经事不干，整天只管打猎、捉狗捉耗子，与那些动物为伍，能成什么气候？"

爱因斯坦4岁才会说话，7岁才会认字。老师给他的评语是："反应迟钝，不合群，满脑袋不切实际的幻想。"他还曾遭到退学的命运。

牛顿在小学时期的成绩一团糟，曾被老师和同学称为"呆子"。

托尔斯泰读大学时因成绩太差而被劝退学。老师认为他既没读书的头脑，又缺乏学习的兴趣。

如果这些人当年因为别人的评价而放弃自己选择的道路，那他们那些举世瞩目的成就将从何而来呢？

俄国作家契诃夫说得好："有大狗，也有小狗。小狗不该因为大狗的存在而心慌意乱。所有的狗都应当叫，就让它们各自用自己的声音叫好了。"

做人感悟

真正成功的人生，不在于成就的大小，而在于你是否努力地去实现自我，喊出属于自己的声音，走出属于自己的道路。

四处出击，只能徒耗精力

华莱士年轻时是个普通的大学毕业生，想谋求一个编辑的位置，但都被拒之门外。

这时他就开始从事"微型印刷工作"，这种工作实质上是一种编辑工作，就是把各种报刊登载过的文章摘其精华，压缩成短文汇集成册，再度印刷出版。当时他准备将几百种书籍的内容，压缩编辑成一本小册子，专供农民阅读。后来因为第一次世界大战爆发，他被应征入伍，这项工作就半途而废了。他在战场上负了重伤，在疗伤期间，他再次考虑来完成未竟的事业。他认为任何文章都可以大加压缩的，于是他进而产生了办一份杂志的愿望，在杂志上登载经过精选压缩的短文，让人们花最短的时间而能了解他们所想了解的最新发生的事情。他连这个杂志的名称都想好了，叫《读者文摘》。

经过周密的策划，华莱士于1920年编成了第一期《读者文摘》的样本。同时，约几个出版商谈了他的设想。

他的设想没有得到任何出版商的采纳。华莱士感到伤心极了。在他失望之际，他的未婚妻给了他很大的支持，她说："既然别人不愿干，那就我们自己干吧！"

于是他们既当编辑者，又当出版商，通过邮局发出了数千份征订单。此后，他们满怀着对未来的希望，两人去度蜜月了。

当他们度完蜜月回到家中时，已有1500多份订单在迎接他们了，夫妻两人高兴万分，立即投入了紧张的工作。第一期《读者文摘》终于在1922年2月问世了。

这个新办杂志由于内容丰富、简明扼要、适应面广、可读性强，很快得到了读者的欢迎。销量直线上升，一年后，发行量就超出20万份。几年之后，发行量近百万份。

现在《读者文摘》以16种文字出版发行，年销量3000多万本，读者有1亿多人，成了世界上销量最多、覆盖面最大的杂志。

历史上，平庸者成功和聪明人失败一直是一件令人惊奇的事。通过仔细分析，发现这个现象出现的原因在于，那些看似愚钝的人有一种顽强的毅力，一种在任何情况下都坚如磐石的决心，一种从不受任何诱惑、不偏离自己既定目标的能力。相反，那些聪明却不坚定的人，往往没有一个明确的目的，四处出击，结果，分散精力，浪费才华。

在同样的时间内，有些人学到的知识比别人多，作出的成就比别人高，这是因为他们全身心地扑在自己的事业上。

做人感悟

一个聪明的孩子，不管是否在学校里遥遥领先，不管是否比社区的其他同龄人更引人注目，如果不专心致志，就永远不会成功。

咬定目标不放松

1849年，近代微生物学奠基人、法国微生物学家、化学家巴斯德，到斯特拉斯堡大学任化学教授。

这位27岁的青年科学家，看中了斯特拉斯堡大学校长的女儿玛丽。他不知道玛丽小姐是否爱他，但他却真心地爱着自己的心上人。

于是，他鼓足勇气，先写了一封求婚信给他未来的岳父。信上写道："我应该把下面的事实告诉您，让您好决定允许或拒绝。我的父亲是一个阿尔波亚地方的鞣皮工人，我的3个妹妹帮助他做作坊的工作和家务，以代替去年五月不幸去世的母亲。我的家庭属小康水平，当然谈不上富裕。我估计，我们的家财不过五万法郎。以至于我老早就决定将日后会归我所有的全部家业让给妹妹们。因此，我是没有什么财产的。我所拥有的只是身体健康、工作勤奋以及我在大学的职位。然而，我并不是为了地位而研究科学的人。

我已决定将终身献给化学研究，并希望能有某种程度的成功。我以这些微薄的聘礼，请求您允许我同您的女儿结婚。"

校长接到这封信后，从内心赞赏这位青年教授坦诚而高尚的品质。但他不想包办女儿的婚事，随即把信转给了女儿。

但玛丽小姐看过信后，有些不高兴。这对巴斯德极为不利。因此，他又给玛丽的母亲写了一封信，作了自我介绍说："我怕的是，玛丽小姐太重视初步印象了，而初步印象对我是不利的。我确实没有什么地方可以吸引一位年轻姑娘。可是，我记得，熟悉我的那些人告诉我，他们都是喜爱我的。"

紧接着巴斯德又给玛丽小姐本人写了一封简短而恳切的求婚信："我只祈求您一点，不要过早地下判断。您知道，您可能错了，时间会告诉您，在我这个矜持、腼腆的外表下，还有一颗热情的向着您的心。"

巴斯德接二连三的求婚信，终于打动了玛丽小姐，在父母的支持下，她欣然答应嫁给巴斯德。

如果你好好审视一下历史上那些成大功、立大业的人物，就会发现他们都有一个共同的特点，不轻易被"拒绝"所打败而退却，不达成他们的理想、目标、心愿，就绝不罢休。华特·迪斯尼为了实现建立"地球上最欢乐之地"的美梦，四处向银行融资，可是被拒绝了302次之多。今天，每年有上百万游客享受到前所未有的"迪斯尼欢乐"，这全都出于一个人的决心。

做人感悟

<u>多方努力去尝试，凭毅力与弹性去追求所企望的目标，最终必然会得到自己所要的，可千万别在中途放弃希望。</u>

把精力用在一个目标上

狄慈根指出："如果一个人不把他的全部心灵用在某一件事情上，他就不可能有什么大的成就。"歌德曾这样劝告他的学生："一个人不能骑两匹马，骑上这匹，就要丢掉那匹，聪明人会把凡是分散精力的要求置之度外，只专心致志地去学一门，学一门就要把它学好。"

现代科学，面广枝繁，不是任何人一辈子能学得了的。而且人的精力又是有限的，如果朝三暮四，忽而想学这，忽而又想学那，反复多变，就会白白浪费宝贵的时间。所以，我们在把一生的时间当作一个整体运用时，首先要考虑用在哪里，就是说首先要选好目标。著名的博物学家拉马克的一生，清楚地说明了在科学上盲目贪多是无所作为的，只有选择目标，专心致志才能获得成功。

曾经有人问牛顿怎样发现了"万有引力定律"，他回答说："我一直在想着这件事。"

成功者们始终将目光集中在他们的目标上，他们常常在向目标奋进的过程中运用想象提醒自己目标所在。

做人感悟

聪明人能够专注地干一件事，直到成功。

有什么样的目标，就有什么样的人生

1907年7月15日凌晨，一位女英雄从容不迫地走向刑场，英勇就义。为了挽救民族危亡，她献出了年轻的生命，时年仅32岁。她，就是我国辛亥革命时期别号"鉴湖女侠"的著名巾帼英雄——秋瑾。

秋瑾于1875年出生于绍兴的一个小官僚地主家庭，书香门第使得她从很小就开始读书，史籍和文学作品中忧国忧民、为国捐躯的英雄事迹深深印在了她的心里。于是，秋瑾不再只是陶醉于书斋，而是向往广阔天地里的生活，开始学习骑马、剑术，胸怀着"肉食朝臣尽素餐，精忠报国赖红颜"的远大志向。在当时来说，这对于女孩子来说是很难得的。

义和团运动失败以后，本已满目疮痍的神州大地，更是危象丛生。秋瑾救国情切，愤然赋志："身不得男儿列，心却比男儿烈。"她不愿"与世浮沉，碌碌而终"，期望把裹在头上的妇女头巾换成战士的盔甲，像花木兰那样效命疆场。她曾感慨地说："人生处世，当匡济艰难，以吐抱负，宁能米盐琐屑终身其身乎？"1904年，她毅然冲破封建家庭的束缚，只身东渡日本求学。

在东京，秋瑾和进步人士接触，学习了很多知识，明白了许多革命道理，思想更为成熟，性格更加刚毅。第二年夏天，秋瑾回国加入了革命组织光复会。1905年8月，秋瑾在东京加入了中国同盟会。此后，秋瑾自命为"鉴湖女侠"，四处奔走，发展同盟会，积极为斗争做准备。

1906年，秋瑾返回绍兴，主持大通学堂。大通学堂是光复会训练干部、组织群众的革命据点。在大通学堂，秋瑾为了进一步训练革命力量，成立了"体育会"，招纳会党群众和革命青年进行军事操练，并积极联络浙江各地会党，组成"光复军"，由徐锡麟为首领，秋瑾任协领，积极进行起义的筹备工作。

1907年5月，徐锡麟准备在安庆起义，秋瑾在浙江等地积极响应。但是，计划被泄露了，清政府大肆捕杀革命志士，先是徐锡麟壮烈牺牲，之后秋瑾也被捕了。面对敌人的威逼利诱，秋瑾高昂着头，正气凛然地说："革命党人不怕死，要杀便杀！"7月15日，秋瑾在绍兴轩亭慷慨就义，她是第一个为推翻清朝卖国政府而流血牺牲的女英雄。

鲁迅说："在行进时，也时时有人退伍，有人落荒，有人颓唐，有人叛变，然而只要无碍于进行，则越到后来，这队伍也就越成为纯粹、精锐的队伍了。"

有什么样的目标，就有什么样的人生。人生中有许多东西值得我们去追求，比如伟大的理想、甜蜜的爱情、事业的成功等。但是，追求的过程是漫长而艰辛的，同时还要经受得起重重考验。

做人感悟

当你的追求一时难以实现时，尤其需要坚持不懈的努力，这样你才能成功。

没有理想就等于没有灵魂

周恩来总理12岁那年，因家里贫困，只好离开苏北老家，跟伯父到沈阳去读书。

伯父带他下火车时，指着一片繁华的市区说："没事不要到这里来玩，这里是外国租界地，惹出麻烦，没处说理啊！"周恩来奇怪地问："为什么？"伯父沉重地说："中华不振啊！"

就这样，周恩来一直想着伯父的话，为什么在中国土地上的这块地方，中国人却不能去？

一天，魏校长亲自为学生上修身课，题目是"立命"。当时正是中国社会剧烈变动的时期，很多人，尤其是年轻人思想困惑，没有明确的理想追求，没有人生奋斗的目标。校长讲"立命"，就是给学生讲怎样立志。

当魏校长讲到精彩处突然停顿下来，向学生提出一个问题："请问为什么读书？"

教室里静静的，没有一个学生回答。

"如果没有人回答，我就一个个问了！"

魏校长走下讲台，指着前排的同学说："你们为什么读书？"有的说："为明礼而读书。"有的说："为做官而读书。"有的说："为父母而读书。"有的说："为挣钱而读书。"当问到周恩来的时候，他清晰有力地回答："为中华之崛起而读书！"校长震惊了，他没料到，一个十几岁的孩子，竟有这样大的志气。他示意周恩来坐下，然后对大家说："有志者，当效周生啊！"

此前不久，辛亥革命刚刚成功，周恩来在同学们中第一个剪掉了长长的辫子，这是很不简单的一件事，因为满清政府规定，所有汉人男子都必须像满族人一样留长辫子，以表示忠于清朝朝廷，不留辫子就要杀头。周恩来是第一个剪掉辫子的学生，所以，大家都很佩服他。

周恩来在沈阳读小学的三年中，学习成绩始终名列前茅。他的作文曾被送到省里。作为小学生的模范作文，还被编进两本书里。15岁那年，周恩来以优异的成绩考进天津南开中学。那时，伯父的生活也很困难，他就利用节假日，给学校抄写材料，挣一点钱来做饭费。生活虽然清苦，但他的学习愿望却很强烈。他在课上认真听讲，课外阅读大量书籍，获得了丰富的知识。他的考试成绩总是全班第一。全校师生都很敬重他，说他是品学兼优的好学生。学校为了奖励他，宣布免去他的学杂费。他成为南开中学唯一的一个免费生。

为中华腾飞而努力奋斗，伟人周恩来从小就立下了这鸿鹄之志。周恩来在青少年时期，为中华之崛起努力读书，以后也是为了这个目标，忘我地工作，无私地奉献了毕生精力。

托尔斯泰说过："一个人没有理想就等于没有灵魂。理想是指路明灯，没有理想就没有坚定的方向。"

没有理想，就不知道该往哪里去。你首先要确定自己想干什么，想成为什么样的人，然后才能完成自己想做的事情，以达到自己的目标。理想使我们产生积极性，你给自己定下理想之后，理想就会成为努力的依据，给了你一个看得见的路标。

做人感悟

青少年朋友应该向周恩来学习，从小立志，并为实现这个理想奋斗，为人民、为国家作出贡献，这样，一生才有意义。

让雄心主宰自己的思想和行为

多年以前的一个晚上，月光皎洁，年轻的母亲听到后院传来儿子蹦蹦跳跳的声音，感到很奇怪，便大声问道："尼尔，你在干什么呢？"

儿子天真地大声回答："妈妈，我在练习跳跃啊，我想跳到月球上去！"

母亲并没有责怪儿子只知道异想天开而不好好学习，幽默地说："真是个好主意！不过，你一定不要忘记怎样从月球上跳回家呀！"

这个小孩长大以后真的"跳"到月球上去了。

他就是人类历史上第一个登上月球的人——美国宇航员尼尔·阿姆斯特朗。

20世纪60年代以来，美国在人造地球卫星和载人太空技术方面一直落在苏联后面，为此，美国制订了人类登月的"阿波罗计划"，加紧了从事人类登月方面的研究与实验。为了"阿波罗计划"的早日实现，美国方面动员了40多万人、约2万家公司和研究机构、120多所大学参加。

阿姆斯特朗从小的理想是长大当飞行员，14岁即开始接受飞行训练，16岁获得飞行员证书，1949-1952年成为海军中最年轻的飞行员。1962年9月，经过严格挑选，阿姆斯特朗成为首批从文职飞行员中征选的两名宇航员之一，从此与航天事业接下了不解之缘。

1969年7月16-24日，阿姆斯特朗作为"阿波罗"11号飞船指令长与登月舱驾驶员E·奥尔德林和指挥舱驾驶员M·柯林斯，共同完成了人类首次登月飞行任务。格林威治时间7月20日20时7分，阿姆斯特朗和奥尔德林乘登月舱"飞鹰"号，在月球静海西南角着陆，7月21日2时56分，当今"嫦娥"阿姆斯特朗向"广寒宫"月面迈出了那历史性的第一步。当时，他说出了此后在无数场合常被引用的名言："这是个人迈出的一小步，但却是人类迈出的一大步。"这一步的确意义重大，经过八年的艰苦努力，"阿波罗登月计划"终于成功地将人类的足迹印在了地球之外的另一个天体，阿姆斯特朗也因为这小小的一步而永载史册。

　　阿姆斯特朗和奥尔德林在月球上停留了21小时18分钟，除安装大量测试装置外，还采集了23公斤月球岩石和土壤样品，然后驾驶登月舱上升级返回环月轨道与母船会合对接，飞向地球。返回地球后，阿姆斯特朗被美国人民看作心目中的英雄。但是他却认为，登上月球的功绩应属于全人类。

　　一个人的人生目标反映了一个人苦苦追寻和魂牵梦绕的东西，也体现了一个人的风度和修养。我们在日常生活中的一言一行都能反映对生活的态度和打算，表现出来的个性特征会和自己希望的一样。

　　我们很有可能成为自己所期待的样子。如果我们总是期望更好、更高、更神圣的东西，并为此付出艰苦的努力，就一定会达到自己的目标。

做人感悟

　　如果雄心能够主宰自己的全部思想和行动，雄心很容易变为现实。

有大气魄的人，才有大成就

　　英国首相丘吉尔曾说："我的成功秘诀有三个：第一是，决不放弃；第二是，决不，决不放弃；第三是，决不，决不，决不放弃！"正因为如此，丘吉尔取得了令世人瞩目的成就。

　　对目标的坚定和执著往往是成就一个人的关键，心中追求的火焰不熄灭，就终会有达到目标的一天。

史泰龙出身贫苦，母亲专横任性，父亲是个酒鬼。10岁时父母离异，他经常被同学欺侮，成了同学们的练拳对象，13岁便辍学在家。

工作了五年后，他决心成为一名电影明星，尽管他知道自己有口吃的毛病，人长得不漂亮，又没有文化。但是，他有了想法和决心之后，就立刻行动了起来。他找来好莱坞电影公司的记录本，开始一个一个去推荐自己。他遭受了1000次的拒绝，但这1000次的拒绝竟丝毫没有阻止史泰龙去实现做明星的梦想和决心。

有了1000次行动全部遭到拒绝的经验后，史泰龙根据自身体验写了《洛奇》的剧本，又开始走进一家又一家的电影公司。

在第1600次的时候，终于有人愿意出钱买他的剧本了。这时，他身上只剩下40元现金，可是当他听到电影公司不同意由他主演的时候，他第一次拒绝了别人。

直到在第1885次的时候，史泰龙终于如愿以偿。他主演了电影《洛奇》，并一炮打响，成为了一个超级巨星。史泰龙的片酬打破了好莱坞的新纪录，达到2500万美元。

1885次！对于一般人而言，应该早就知难而退了，但1884次的失败并没有动摇史泰龙坚定的信念，他把每次的拒绝当作激励和鞭策自己的动力。一次又一次的失败与拒绝，给了他不断完善的机会，也是这样一个由量变到质变的过程成就了他的辉煌。

不管遇到怎样的困难和挫折，都能坚强地、毫不在乎地往前走，且一如既往、不言放弃，这就是一种做人的大气，一种难得的坚定与执著。

王永庆创业时才16岁。他借了200元开了一家小米店，可当时，各处米店都有各自的固定客户，一般百姓也多去自己熟识的米店买米。王永庆的米店自然难以在米市中立足，开展营业十分困难。但他并不气馁，为了打开销路，他将米中杂物、沙粒捡得干干净净，且不辞辛苦挨家挨户去推销，有时还冒雨将米送到顾客家里，他总是想尽办法满足顾客的要求，甚至比顾客考虑得还周到。他给顾客送米时总是主动地把顾客米缸中原来的米先取出来，再放新米，然后再把旧米放在新米上，以便顾客吃完旧米再吃新米。

后来王永庆又成立了一个台湾塑胶工业股份有限公司。公司创立之初，一个化工专家预言王永庆难逃破产的命运。但王永庆并不轻易放弃，仍义无反顾地走自己认准的路，不幸的是事态的发展似乎应验了那个预言，一个又一个难关横在他的面前，台塑公司生产出来的聚氯乙烯在市场上竟无人问津。原来，这是对台湾石化塑料工业发展估计过快所致。面对这种困境，一些股东心灰意冷，纷纷退股，台塑刚建不久就陷入死地。

这时王永庆也没有退缩，他决心迎接命运挑战。通过调查分析，发现产品之所以卖不出去是因为缺乏竞争力，价钱过高，并不是市场出现饱和。于是，他做出决定，卖掉了自己所有的产业，买下了台塑所有的股权，并决定独自经营。对王永庆来说，这一决定绝对是一大手笔，可谓是背水一战。他重新规划发展蓝图，决定采取两项措施进行改进，出乎意料的是他所采取的措施不仅不减产而且大量增产。为提高竞价能力，同时注意产品质量，他投资70万美元更新设备，使质量提高了，售价却降低了。第二项措施是开发塑胶加工工业，兴建工厂，利用台塑的聚氯乙烯为原料加工制造各种塑胶产品。这不仅能够消化台塑的产品，而且还可以用塑胶成品赚取更多的利润。

由于采取了上述两个措施，王永庆摆脱了困境，打开了市场，使企业起死回生，后来拥有了世界上最大的塑胶企业，并被称为"世界塑胶大王"，成为世界上最富有的人之一。

任何成功的取得都是需要积累的，有经验的积累，也有时间的积累，所以我们不要轻言放弃，没有生活的点滴积累和打磨，就无法孕育出炫人夺目的珍珠。

参观过开罗博物馆的人，都会为那些从图坦·卡蒙法老墓中挖出的宝藏叹为观止。那些大理石英钟容器、黄金珠宝饰品、战车和象牙等巧夺天工的工艺至今仍无人能及。可又有谁知道，如果不是霍华德·卡特当时决定再多挖一天，多打一锤，这些不可思议的宝藏今天也许仍埋在地下，而永无重见天日的机会。

1922年的冬天，卡特几乎放弃了可以找到法老坟墓的希望，他的赞助者也即将取消资助。卡特在自传中写道："这将是我们待在山谷中的最后一季，我们已经挖掘了整整六季了，春去秋来毫无所获。我们一鼓作气工作了好几个月却什么也没有发现，只有挖掘者才能体会这种彻底的绝望。我们几乎已经认定自己被打败了，正准备离开山谷到别的地方去碰碰运气。然而，要不是我那最后的一锤，我们永远也不会发现，这些超出我们梦想所及的宝藏。"

卡特最后一锤的努力成了全世界的头条新闻，这一锤使他发现了近代唯一一座完整出土的法老坟墓。

有一种失败，不是因为走的路太少，而是因为已经走了99步，却在第100步的时候放弃了，这是一种最为愚昧的放弃。若总是过早地放弃一切，就等于放弃了一生的成功。

其实，最浪费时间的一件事就是过早放弃。人们经常在做了90%的工作后，放弃了最后那10%的可以让他们成功的"最后一锤"。不但输掉了开始的投资，更丧失了经由最后的努力而发现宝藏的惊喜。很多时候，人们会学习新的技艺，开始了一个新的工作，然后就在成果显现之前失望地放弃。通常，任何新工作，都有一段自己懂得比周围人少的困难阶段。刚开始，每件事情都要挣扎，过了一段时间后，最初有压力的工作就会变得轻而易举了。可人们一生中的许多时间，是在跨过乏味与喜悦、挣扎与成功的重要关卡之前就放弃了。

做人感悟

任何一个成功都是经过艰苦卓绝的努力和冲破失败的阴影才能获得的，所以，在完成一件艰巨工作的时候，面对困难，一定不要轻言放弃。不放弃，就能面对追求过程中更多的磨难；不放弃，就能让人看见了在风中游舞的春光；不放弃，就能感受到真实的存在；不放弃，就有希望把握住每个今天；不放弃，就有一丝希望。

第三篇

品格是纵横天下的通行证

海纳百川，有容乃大

从一个人成长的过程来看，同样的生活环境总是产生两种不同的心境：有的是快乐多于烦恼，有的是烦恼多于快乐。渴望生存的愉悦，追求生命的快乐，是人的天性，但是只有拥有宽广的胸怀才能忍受不快，享受快乐。

英国作家萧伯纳的《武器与人》首次演出，大获成功。可是，当萧伯纳走上舞台正准备向观众致意时，突然有一个人对他大声喊叫道："萧伯纳，你的剧本糟透了！没有人爱看！收回去，停演吧！"观众们大吃一惊，以为萧伯纳一定会气得浑身发抖。谁知萧伯纳非但不生气，反而笑容满面地向那个人深深地鞠了一躬，彬彬有礼地说："我的朋友，你说得对，我完全同意你的意见。"他又指了指剧场中的其他观众说："但遗憾的是，我们两个人反对这么多观众有什么用呢？我们能禁止这剧演出吗？"简短的两句话，引起全场一阵响亮的笑声。那个故意寻衅的人自讨没趣，灰溜溜地走了。

"海纳百川，有容乃大。"要想成为快乐人，就要拥有宽广的胸襟。宽容是人生的一种智慧，是建立人与人之间良好关系的法宝。聪明人总是借助宽容的力量，实现自己的梦想，成就自己的事业。他们用宽容的智慧让自私的人汗颜，他们用容忍的胸怀代替敌对和报复。

阿尔瓦尔·居尔斯特兰德是一位极其高明的眼科医生，他曾获诺贝尔医学奖。居尔斯特兰德不但是一位优秀的医生，还是一位为人豁达、待人宽容的智者。

阿尔瓦尔·居尔斯特兰德的父亲是文诺·居尔斯特兰德，文诺·居尔斯特兰德也是一位眼科医生，他在贫民区办了一个小诊所。诊所很有名气，不但瑞典国内的患者，连北欧其他国家的患者也常慕名前来找文诺·居尔斯特兰德看病。

当地最有钱的富豪玛尔孟勋爵也在此地创办了一所眼科医院，并且距离文诺·居尔斯特兰德的眼科诊所不远。但是，玛尔孟的医院显得很冷落，来看眼病的人不多。有人向玛尔孟勋爵建议，请文诺·居尔斯特兰德来医院主持眼科。但玛尔孟嫉贤妒能，不但以文诺·居尔斯特兰德没有文凭为由将其拒之门外，而且多次贬低文诺·居尔斯特兰德的医术。

阿尔瓦尔·居尔斯特兰德对这种境遇很不满，他发誓一定要干出个样子来，给父亲争口气。阿尔瓦尔·居尔斯特兰德在18岁时以优异的成绩考入医学院。5年后毕业回到父亲的小诊所，接替了父亲。就在这个小诊所里，阿尔瓦尔·居尔斯特兰德28岁时获得了博士学位，他的博士论文几乎轰动了瑞典首都斯德哥尔摩；30岁时他被任命为斯德哥尔摩眼科诊所所长。

玛尔孟简直嫉妒得要命，对阿尔瓦尔充满了敌意，偏偏这时，玛尔孟家的四小姐芬妮得了严重的眼病。她家医院里的眼科医生都束手无策，只能眼睁睁地看着她一天天走向黑暗。玛尔孟不惜重金，几乎把北欧各国的著名眼科专家都请来了，然而谁也没有办法。两块黑色的云翳盖在四小姐芬妮的瞳孔上，如果不动手术，等于有眼无珠；如果手术失败，就可能完全失明。最后还是芬妮提出：去请阿尔瓦尔·居尔斯特兰德治病，这是没有办法的办法。

此时，玛尔孟后悔当初不该把事情做得太绝，恶化了两家的关系，并认为阿尔瓦尔·居尔斯特兰德不会为芬妮看病。他带着绝望的心情去请求阿尔瓦尔，但出乎意料的是阿尔瓦尔·居尔斯特兰德来了，好像完全忘记了玛尔孟歧视、冷落他父亲的过去。不仅如此，阿尔瓦尔慎之又慎、精益求精地为芬妮的眼睛做了手术，结果手到病除，芬妮重见了光明！

为了感激阿尔瓦尔·居尔斯特兰德治病救人的恩情，为了弘扬阿尔瓦尔·居尔斯特兰德的医术和医德，为了弥补嫉贤妒能造成的裂痕，玛尔孟提议在家乡为阿尔瓦尔·居尔斯特兰德立一尊塑像。但是，阿尔瓦尔·居尔斯特兰德婉言谢绝了玛尔孟的好意。不久之后，他离开了家乡，踏上了到乌普萨拉大学就任眼科教授的旅途。

宽容是一个成熟的人必备的素质，同时也是一种享受快乐的工具。被人嫉妒、讽刺是痛苦的，但是宽容、忍耐却是快乐的，它能够化干戈为玉帛，能体现智者的胸怀与宽厚。

要想干一番大事业，就必须具有海纳百川的气度和超人的气量。做人做事，要能容人，更要能包容不同的意见和看法，能与不同性格的人相处、共处大业。在工作和生活中，总是要面对很多人与人之间的矛盾和纠葛，如果没有宽容的胸怀，只会使自己的路越走越窄。

做人感悟

包容是渡过难关的一大法宝，包容也是拥有好人缘的一个手段。因此，要学会包容，就要先学会宽容，面对一切不如意，挥挥手，不让它影响自己的心态，更不能让它破坏自己的品质，一切都让它随风而去。

做人不可无容人之量

饮誉世界的美国著名通俗历史作家房龙于1925年出版了一本名为《宽容》的书。这本书现在已成了世界经典名著。房龙在该书中叙述了人类思想发展的历史，倡导思想的自由，主张对异见的宽容，并对一切不宽容的行为深恶痛绝。他在书中痛斥和嘲弄不宽容，并大声疾呼："打倒这个可恶的东西，让我们全都宽容吧！"房龙还认为："个人的不宽容是个讨厌的东西，它导致在社团内部的极大不快，比麻疹、天花和饶舌妇人加在一起的弊处还要大。"

大凡有成就的领导，无不具备宽容的度量。无论亲疏好恶，无论智愚贤宵，自己都以大度来容纳他们，让他们都像鱼儿那样忘记了自己身在江湖。人如果忘记自己身在天地之间，即便不想追求圣贤的境界也能达到圣贤的境界。如此，又何须忧虑人们不服从自己的领导呢？

欲成就继往开来的大业，怎么可以缺乏恢弘豁达、浩然无比的气象。恢弘豁达、浩然无比的气象不是每个人都能做到的。海洋之大，非一川之水所能汇成；山岳之高，非一丘之土所能堆积。依靠众人的力量就能生存，个人刚愎自用，独断专横就会失败。

天地有容纳之量，希望成就大业者需要大度量。项羽虽有拔山之力、盖世之气，白手起家抗秦朝，驰骋天下，但在和刘邦的较量中，终究逃不过失败的厄运。项羽败就败在无容人之量，就是范增这样的旷世奇才他也无法容纳，而刘邦虽一介酒徒，却能容纳无数个像范增这样的人才。所以说，大度盖及天下而后能容纳天下，大量盖及天下而后能使用天下，智慧盖及天下而后能扭转天下，勇气盖及天下而后能托举天下。个人的胸怀具有如此雅量，自然能与天地同广大，与日月共光辉。

唐朝是我国多民族国家形成的重要历史时期，而唐太宗李世民就是这一历史进程开端的伟大奠基者。他以泱泱大国的气势征服了周边国家，保证了边境地区的安宁。更能体现其博大胸襟的是他能在战争结束后，缓解民族间的矛盾，改善民族关系，促进了多民族国家形成的历史进程。他让许多部落首领在京城长安任职。对被任用的少数民族首领，李世民十分信任，用他自己的话说："待其达官皆如吾百察。"受重用的少数民族将领几乎参加了所有的征讨战争，有的人担任行军大总管，有的人担任安抚使等要职，让他们充分发挥了自己的军事才能，立下卓越战功。皇帝直接任命少数民族首领带领少数民族军队征战，并能完全信任这些将领，在历史上有如此恢弘气度者，李世民大概是第一人。唐太宗用他博大的胸襟把各个民族团结在大唐帝国周围，于是，京都长安不仅是国内各民族的大都会，也成了世界性的大都会，形成万国来朝的鼎盛局面。

做人感悟

心胸有多大，世界就有多大。

有大胸怀才有大成功

成功者有很多种：有的人可以在风云变幻的政治舞台上纵横、运筹帷幄；有的人可以在跨国企业的领导岗位上指挥若定、谈笑风生；有的人能够用十年磨一剑的执著精神去探索未知的科学世界；有的人则甘愿在书香琴韵的天地里品味自然与艺术的恬淡、幽远……但无论是哪一种人，我们只要细心观察就不难发现，他们的成功和宽广的胸怀、坦荡的气度形影相随、寸步不离。

马琴利做美国总统时，特派某人为税务主任，但为许多政客所反对。他们派遣代表进谒总统，要求总统说出派那个人为税务主任的理由。为首的是一个国会议员，身材矮小，脾气暴躁，说话粗声恶气，开口就给总统一顿难堪的讥骂，如果当时换成别人，也许早已气得暴跳如雷。但是马琴利却视若无睹，不吭一声，任凭他骂得声嘶力竭，然后才用极温和的口气说："你现在怒气应该可以平和了吧？照理你是没有权力这样责骂我的，但是，现在我仍愿详细解释给你听。"

这几句话把那位议员说得羞惭万分，但是总统不等他道歉，便和颜悦色地说："其实我也不能怪你。因为我想任何不明究竟的人，都会大怒若狂。"接着他把任命理由解释清楚了。

不等马琴利总统解释完，那位议员已被他的大度所折服了。他私下懊悔刚才不该用这样恶劣的态度责备一位和善的总统。他满脑子都在想自己的错了，因此，当他回去报告咨询的经过时，他只摇摇头说："我记不清总统的全盘解释，但只有一点可以报告，那就是——总统并没有错。"

胸宽则能容，能容则众归，众归则才聚，才聚则业兴——这样的道理其实并不难懂，但真要落实起来就不容易了。

甘地是20世纪印度民族独立运动最有权威的领导者，是印度国大党的主要领导人，人称"圣雄"。甘地不仅是出色的领袖，也是杰出的思想家。他的思想和主张对整个印度半岛产生了巨大而深远的影响。甘地的思想很特别。他的政治观念是建立在印度传统宗教思想基础之上的。英雄式的忍耐性，使甘地的"非暴力运动精神"注入到了每一个印度人的灵魂之中，从而使得英国殖民当局武力式的压迫在非暴力运动精神面前束手无策。

甘地是一个纯粹的精神运动领袖，宽广的胸怀、坦荡的气度始终贯穿在他发动的革命运动之中。在甘地的领导工作中，找不出任何一点以权谋私的痕迹。他总是以牺牲自己的伟大精神来对待工作，并希望借此号召信徒、感化敌人。甘地的心灵永远是仁慈、虔诚的，甘地的胸怀永远是宽容、博大的，即使面对敌人也是如此。

下面就是有关甘地的一两件小事。1907年，甘地因为所采取的非暴力抵抗运动遭到部分激进分子的抵制，同时，英国当局又用尽全部手段迫使他屈服。有一天，甘地在大街上被一群暴徒无情地攻击和毒打，这群人打到以为他断气了才离开。以后，甘地又被捕入狱、判刑后做了苦役。在那个非常时期里，甘地仍然以他那无比的度量，最大地包容暂时的或永久的政敌。他继续为鞭打他的人奋斗，继续走自己认定的道路。

甘地曾经和泰戈尔在观念上产生了分歧，两个人之间的友谊出现了微小的裂痕，可是甘地不想做任何文字、口头上的理论和辩解。当有人在他面前攻击泰戈尔时，甘地就想办法阻止他们说下去，并毫不客气地命令他们不要散布流言，破坏他和泰戈尔之间的交情。另外，他还发表声明，表示自己应该感谢泰戈尔。甘地就是依靠宽恕赢得了他的人民乃至敌人的信任和拥戴的。

做人的关键在于胸怀。有一位老师曾经说："今天，在大学中，同学或同事由于所谓的'竞争'而成为对手或敌人的事例屡见不鲜。在那些缺乏度量的人眼中，别人身上哪怕很小的一点优于自己的地方都会打翻自己心理上的'醋坛子'；一旦看到别人遭到了挫折，他们就会因为'幸灾乐祸'而手舞足蹈。有人说'人品'是做人的第一位，但我进一步认为，好的人品其实是开阔的心胸造就的。作为老师，我想学校应该首先教学生做人，然后再教学生做学问。做学问的境界最终取决于做人的境界，而做人的境界就取决于一个人的心胸和器量。"

做人感悟

中华民族向来重视胸襟开阔、雍容大度的优良传统。孔子说："君子坦荡荡，小人长戚戚。"在事业上建功立业、取得成就的，绝非是那些胸襟狭窄、小肚鸡肠、谨小慎微之人，而是那些襟怀坦荡、宽宏大量、豁达大度者。只要有一种看透一切的胸怀，就能做到豁达大度；把一切都看作"没什么"，才能在慌乱时从容自如。忧愁时，增添几许欢乐；艰难时，顽强拼搏；得意时，言行如常；胜利时，不醉不昏，有新的突破。只有如此放得开的人，才是豁达大度之人。而那些事事工于心计、器量狭小，处处流露出小家子气的人，不但不会取得真正的成功，也不会体验到任何属于自己的满足和快乐。

气小量狭，终会一败涂地

有人心胸广阔，有人心胸狭窄，有人胸中可容江河湖海，有人胸中容不得芥蒂之物，而从狭窄到广阔中间又有无数等次。倘若一个人已经攀到一个令众人仰慕的位置，其心胸尚不能随之一并达到相称的层次，就会形成性格有负其职的状况，这样则很可能造成悲剧式的结局。

中国近代史上有一位贵为中华民国总统、中国国民党总裁的大人物，不论是真的名正言顺，还是假的名正言顺，反正他真的成了中国民主革命的先行者孙中山的"接班人"——他就是蒋介石，尼克松在《领袖们》一书中对他的评价还是蛮高的。但就大处着眼而观之，蒋氏终其一生可说是成事不足，败事有余；气小量狭、自作聪明，终令国事一败涂地，不可收拾。怪谁？海外史学家给他下八字断语：民主无量，独裁无胆。

蒋介石真正崛起的转折点在何处，历史学家以为，他追随陈其美征战为起家之本。其实并非如此，原来，蒋介石先天讨厌陈炯明。陈炯明虽然是白衣秀士王伦式的人物，但终究是省港同盟会领袖，起初，极得孙中山先生信任。蒋介石力陈其非，而孙中山却并不相信。其后陈果逆谋反，炮轰总统府。孙中山才大感后悔，以为蒋介石有过人的先见之明。以事件的重大性，蒋介石从此获得不败的资本，向孙中山撒娇，和同僚撒气，跟对手撒野。

陈寅恪瞧不起他，有1940年所作诗《庚辰暮春重庆夜宴归作》为证："自笑平生畏蜀游，无端乘兴到渝州。千年故垒英雄尽，万里长江日夜流。食蛤哪知天下事，看花愁尽最高楼。行都灯或春寒夕，一梦迷离更白头。"吴宓注"寅恪赴渝，出席中央研究院会议，寓俞大维妹丈宅。已而蒋公宴请到会诸先生，寅恪于座中初次见蒋公，深觉其人不足为，有负其职。故有此诗第六句"。面相乃心理状态的反映，言谈举止又是气质的综合，而"蒋公"给陈先生的第一印象，就是这样从里到外透着不堪、透着叫人讨厌不置。

陈寅恪瞧不起蒋介石，是文化的居高临下。李宗仁一生受制于蒋介石，紧箍咒跬步不离。在唐德刚教授为他撰写的回忆录中，只要一提及蒋氏，他就气不打一处来。他多次言之凿凿地说，蒋氏非但不能指挥一个国家的军队，也不能指挥一个集团军，充其量指挥一个师，还很勉强。李宗仁与蒋氏共事其间，处处受掣肘，经常弄得湿手插在干面里——到处都脱不了干系。主意是蒋介石出，责任却由他来负，往往狼狈不堪。谚云：穷人气大，酸酒力大。说起蒋氏，即有切齿腐心之痛。虽然言出激愤，但征之史实，究竟不差。陈宝箴、陈三立、陈寅恪一门三代，为晚清以降中国士大夫之典型。以陈先生的文化修养，看低蒋氏，很自然，不意外。

陈寅恪从文化角度，李宗仁从军事角度，俱轻视蒋介石；最可惊的是国学大老曹聚仁，他也从军事角度评蒋——他认为蒋介石哪里能指挥一个师呀，老蒋的脾性才略，指挥一个排也就到顶了。

十分的漫画化、情绪化，很损，却也无奈。谁教你给人家的印象这样恶劣呢？要从脾气、才具、胸襟、气量方面找原因，这样一找，蒋介石教人大失所望的地方也就太多了。

虽然，根据历史学家黄仁宇证明，蒋介石也非绿林中人、街头阿三。相反，他读传统书很用功也堪称精勤，可是读书面较窄。尤以性格中根深蒂固的刚愎自用，文化的浸染也会给抵消得差不多了。内心的虹虫太多，而熏香太少，狰狞可鄙的一面掩都掩不住。

由此可见，蒋介石决非一无是处之人。他一生的失败、致命之处在于：量小气狭，虽亦读书，可惜不得其道，仅以搬弄智术治世，实无磅礴才具垫底，则此智术实足害人害己。其刚愎自用，至大陆易手前夕，达到极点。东北失守，华北也将不保，犹以国军精锐家底孤注一掷，会战徐蚌，尤为荒谬，更且向下越级，电话指挥到团营一级，打乱结构，刺伤人心，为军史所罕见。所以，国民党军虽谋臣环伺，名将联翩，究因不得正道，终至不可收拾。

概言之，蒋介石可称中智之士，而非上智之人，不足以成正事。他麾下尽多辛亥老辈，风云际会，珠玉满堂，然而他们共事非人，赍恨千古，岁月如流，渐次凋零，实乃历史之必然。

《论语》尝谓："君子之德风，小人之德草，草上之风必偃。"蒋介石经常骂他的部下，常用语是"寡廉鲜耻，气节荡然"。可是他自己，一生以小智术对付大时代；以小聪明对应大事情；以小心眼处理大智慧。那么，就算他有多种技术可用，问题有迎刃而解之势，也因他性格的小而窄，即不能以精神和良知服人，而造成种种阻碍。于是，"草上之风必偃"，终不免凄惶黯然，退出历史大舞台。如此结局，谁人之过？蒋介石自己当然难辞其咎。

做人感悟

从蒋介石一生的经历我们不难看出，没有大气量是难以成大事的。

头脑再聪明，再精于算计，但缺少了大度之气，不能涵养万物，又怎能建立万世之功呢？

一个讲信用的人也是坦诚的人

所谓讲信用就是要在一定的时间范围内遵守诺言，说话算数。一个人讲不讲信用是有没有良好人际关系的关键，这关系到你为人的原则，从而影响到人际关系的好坏。不管怎样，有一点值得肯定，那就是一个讲信用的人必定是一个坦诚的人。

人们对台湾台塑集团董事长王永庆的成功很感兴趣，当被问及什么是他创造了亿万财富的秘诀时，王永庆答道："我啊，其实长得也不英俊，最要紧的是诚信待人。如果你失去诚信，你周围的人迟早会离开你。一个企业不只是靠一个人，是靠大家的。单单你一个人，再有能力也没有用。历史上项羽力能扛鼎，非常能打仗，但最后还是失败了。这就告诉你，一个人再有魅力，也成不了事。你要以诚待人，有好的管理，有好的人员，有好的制度，每个人都帮你的话，你一定能成功。"

身为公司或企业的老板，如何使员工更卖力工作是一件很重要的事。暂且不论公司的形式或体制，在老板的心里，保持着"请你这样做"这种诚恳的态度能使所有的员工更加勤勉。如果是拥有一两万名员工，这样做还不够，必须有"请你帮我这样做"的态度；而拥有5万名员工时，甚至更要以"两手合十"这种态度，否则部下很难发挥其优点而更卖力工作。

做人感悟

诚恳是一切人性优点的基础。它本身要通过行动体现出来，要通过说话展现出来。它意味着值得信赖，能让人确信它是可信的。当人们认为一个人可信的时候，他就是一个坦诚的人。也就是说，当一个人说他知道某件事时，他确实知道这件事；当他说他将去做某件事时，他的确能做而且做了这件事。因此，值得信赖是赢得尊重和信任的通行证。

失信于人将付出大代价

为人处世之道，大概没有什么比诚实守信、取信于人更为重要的了。你的言行举止，时刻不可放弃了这个根本。与人交往时，只要有这个根本存在，只要别人还信任你，其他方面的缺陷或许还有弥补的机会，若失去了这个根本，别人不相信你了，别人就不愿再与你共事，不愿再与你打交道。

有个大富翁，渡河的时候翻了船，大喊救命。一个船夫听到喊声，划着小船去救他。船还没到，大富翁说道："快来救我！上了岸我给你一百两金子，我有的是钱。"船夫把他拉上船，送他上岸，富翁只给了那船夫十两金子。船夫说："方才你说给我一百两金子，如今才给十两，怎么能这样！"

大富翁听了斥责道："你不过是个船夫！一天才能挣多少钱，现在一下子就赚了十两金子，你还不满足？再啰嗦，连这十两都没有！"船夫沉默不语，摇摇头走了。

不料，过了一个月，大富翁乘船顺江而下，船撞在礁石上翻了，他又落水了。刚好船夫在岸边钓鱼，听到大富翁喊救命，他动也不动。有人问他："你为什么不去救他？"船夫回答说："这就是那个没有信用的人。"听了船夫的话，没有一个人去救大富翁，最后大富翁活活淹死了。

正如电脑缺少了硬件和软件无法正常工作一样，一个人在为人上丧失了诚实和信誉，也难以取得成功。富翁失信于人终于付出了大代价。

失信于人，说话不算数，许诺不兑现，意味着你丢失了为人的起码品质，意味着在别人眼中你失掉了为人的信誉。这个损失多么惨重，你当然会掂量得清清楚楚。

有位知名的学者曾讲过这样一个故事，说是一名赴德留学生在毕业时成绩优秀，他决定留在德国找工作。拜访许多大公司后，他都被友好地拒之门外。留学生最后只得去一家小公司求职，但也照样被礼貌地拒绝了。

这下，留学生不干了，他大声说："你们这是种族歧视，我要控告你们……"对方还未等他把话说完，便对他说："请您小声点，我们去别的房间谈谈好吗？"两个人走进隔壁一间空房，小公司人事经理递上一杯水之

第三篇 ◆ 品格是纵横天下的通行证

后，从留学生的档案袋里拿出一张纸。这是一份记录，上面记录着留学生乘坐公共汽车时曾经3次逃票。留学生看后十分惊讶，也十分愤怒，心里不禁嘀咕，"就为了这点小事而不肯聘用我，德国人也太小题大做了"。

说到这里，知名学者列举了一组数据，称德国人抽查逃票，被查到的概率通常是万分之三，即你逃票一万次，只有3次可能被发现。那位留学生居然被查出3次逃票，一向以信誉著称的德国人对此自然不会等闲视之。

《没有信誉就没有一切》的文章中说："一个成熟的社会，一个有力量的社会，不但要考虑每一个人，而且还要为他们建立必要的档案。这个必要的档案并不是黑档案，而是能够向有关方面证实你的可信度的。这样，银行才可以借钱给你，商人才敢与你做生意，别人才能与你合作，公司才好聘用你，当然你也可以分期付款购房、购物……只要有证据表明你是一个信誉良好的人，信誉就是你的通行证，你就可以受人尊敬地通行于这个文明社会。"

"如果你不讲信誉呢？只要你敢欠钱不还，或者你敢乘车逃票、撕毁合同、偷税漏税、化公为私、说谎欺骗人，总之，只要你敢有一次不讲信誉，你就会上了没有信誉者的黑名单，你就会失去许多许多的机会。银行当然不可能借钱给你，再没有人愿意跟你合作，邻居都要躲着你，哪家公司都不愿雇用你，自然也就没有人愿意跟你做朋友，你在这个文明社会就难以立足。"

"人无信不立"，"人而无信，不知其可"。现代社会是信誉社会，对于个人来说，信誉代表着形象，代表着人格。要想在形象和人格上获得别人的依赖和尊重，就需要树立个人的可信度。从这一点上说，就不难发现为什么德国人会将逃票这样的小事看得比天还大，就是因为他们相信，一个人在几毛钱的蝇头小利上都靠不住，谁还能指望他在别的事情上值得信赖？

人之所以失败绝不是因为没有才能或运气不好，而是由于轻视小事这个恶习。轻视小事不会产生信誉，没有信誉就无法生存。

做人感悟

如果你损失了一些钱，你并没有损失什么；如果你失去了一些朋友，你失去的可就大了；如果你失去了信誉，那一切都完了。

诚实是一笔无形的财富

乔治·华盛顿小时候住在弗吉尼亚的一个农场上。他的父亲教他骑马，经常带着年轻的乔治到农场上干活，以便儿子长大后能学会种田、放牛养马。

华盛顿先生有一个美丽的果园，里面种着苹果树、桃树、梨树、李子树与樱桃树。有一次，华盛顿先生从大洋对岸购买了一棵品种上佳的樱桃树。他非常喜爱这棵樱桃树，把树种在果园边上，并告诉农场上的所有人要对它严加看护，不能让任何人碰它。

这棵樱桃树长势很好。春天来了，树上开满了白花，散发出阵阵芬芳，许多蜜蜂都围绕着它辛勤地忙碌着。想到用不了多长时间就可以吃到樱桃树结的果子，华盛顿先生心里非常高兴。

大约就在此时，有人送给了乔治一把明亮的斧子。乔治非常喜欢这把斧子，他拿着它砍树枝、砍篱笆，可以说是见什么砍什么。一天，他一边想着自己的斧子有多么锋利，一边来到果园边儿，举起斧子砍向那棵樱桃树。由于树皮很软，乔治没费多大力气就把树砍倒了，接着他又去别的地方玩了。

那天傍晚，华盛顿先生忙完农事，把马牵回马棚，然后来果园看他的樱桃树。没想到，自己心爱的树被砍倒在地，他站在那里惊呆了，几乎不敢相信自己的眼睛。是谁胆敢这样做？他问了所有人，但谁都说不知道。

就在这时，乔治恰巧从旁边经过。"乔治，"父亲用生气的口吻高声喊道，"你知道是谁把我的樱桃树砍死了吗？"

这个问题可把乔治给难住了，看到父亲如此愤怒，他意识到自己的一时冲动闯下了祸。他哼哼唧唧了一会儿，但很快恢复了神志。"我不能说谎，爸爸，"他说，"是我用斧子砍的。"华盛顿先生看了看乔治。那孩子脸色煞白，但直视着父亲的眼睛。

"回家去，儿子。"华盛顿先生严厉地说道。

乔治走进书房等父亲。他心里很难过，同时也感到非常惭愧。他知道自己实在是太轻率了，干了件傻事，也难怪父亲不高兴。

第三篇 ◆ 品格是纵横天下的通行证

一会儿之后，华盛顿先生走进书房。"到这里来，孩子。"他说道。

乔治听话地走到父亲身边。华盛顿先生静静地看了他很长时间："告诉我，儿子，你为什么要砍那棵树？"

"当时我正在玩，没想到——"乔治结结巴巴地说道。

"现在树就要死了，我们永远也不会吃到樱桃了。但比这更糟的是，我嘱咐你要看护好这棵树，你却没有做到。"

乔治羞愧难当，脸一红，低下头，眼泪就快要落下了，哽咽着说："对不起，爸爸。"

华盛顿先生把手放在孩子肩头。"看着我，"他说道，"失去了一棵树，我当然很难过，但我同时也很高兴，因为你鼓足勇气向我说了实话。我宁愿要一个勇敢诚实的孩子，也不愿拥有一个种满枝叶繁茂樱桃树的果园。一定要记住这一点，儿子。"

乔治·华盛顿从未忘记这一点。他一直像小时候那样勇敢，受人尊敬，直至生命结束。

诚实是一种美德，是人类社会历来崇尚的价值观。诚实，是指为人处事不说谎、不虚伪，是一种道德自律；是在文化传统、风俗习惯、社会教化和价值取向等非正式制度环境中形成的。知错就改是很难得的，犯了错如果及时承认并改正的话，说明你具备了最为宝贵的品质——诚实。

做人感悟

诚实不仅仅是一个人的美德与修养，也是一笔无形的财富。我们无论在什么情况下，身处在哪里，只要做一个诚实的人，你的命运兴许就会出现转机。

用隐忍的态度感动"高人"

张良，字子房，战国时韩国（今河南中部）人，是刘邦的军师，为其出谋划策，屡建功业，是西汉的开国元勋。汉朝建立后，刘邦谈及张良时说："夫运筹策帷帐之中，决胜于千里之外，吾不如子房。"（《史记·高祖本纪》）汉六年正月，封为留侯。死后谥为文成侯。《史记》中有专门的一篇《留侯世家》记录他的生平。张良虽系文弱之士，不曾挥戈迎战，却以军谋家著称。他一生反秦扶汉，功不可灭；筹划大事，事毕竟成。历来史家，无不倾墨书载他那深邃的才智，极口称赞他那神妙的权谋。

秦朝末年，张良在博浪沙谋杀秦始皇没有成功，便逃到下邳隐居。

一天，张良悠闲地在桥上散步。有位老人，穿着粗布短衣，走到张良跟前，故意把穿在脚上的草鞋丢到桥下，并且看着张良说："小子，去把鞋给我捡回来！"

张良愣了一下，但是看他年老，就到桥下取回鞋子，递给他。

老人坐在桥头，眼皮也不抬一下，就说："给我穿上。"

于是，张良跪在地上，老人心安理得地伸出脚让张良把鞋穿上，然后老人就笑着离开了。张良非常吃惊地望着老人的背影。谁知，那个老人走了几步又转过身来，对着张良招招手，示意张良到他跟前去。

张良乖乖地走上前去。老头和蔼地对他说："我看你这娃还不错，值得教导。五天后天一亮，和我在这里见面。"

张良行了个礼说："是。"

五天后，天刚刚亮，张良来到桥上，那个老人已经坐到桥头等着张良了。老人很生气地说："现在天已经大亮了，年轻人这么不守信用，和长辈约会还迟到，长大后还能有什么作为。五天以后，鸡叫时来见我。"说完，老人就走了。

过了五天，鸡刚叫，张良就去了，老人又已经先在那里了。老人十分生气地说："我已经听见三声鸡叫了，你怎么才来，五天以后再早一点儿来见我。"

又过了五天，张良半夜就到桥上等着那个老人。一会儿，老人也来了，他高兴地说："年轻人要成大事，就要遵守诺言，说什么时候到就什么时候到。"

接着老人又从怀里掏出一本又薄又破的书，说："读了这本书，就可以成为皇帝的老师。这话会在十年后应验。十三年后，你会在济北见到我，谷城山下那块黄石就是我。"说完之后，老头儿就离开了，以后再也没有出现过。

天亮时，张良看老人送的那本书，原来是《太公兵法》，又叫《黄石兵法》。张良非常珍惜这本书，认真学习，从中学到了许多知识。并且他还时刻遵守老者的教诲，从而严格要求自己，立志永远做一个守信诺言的人，这样才能让别人信任自己，从而成就一番大事业。

果真，张良后来帮助汉高祖刘邦完成了统一大业，成为历史上有名的将领。

张良克制自己的不快，为老人拾鞋、穿鞋，看上去好像很窝囊，但这并不是软弱的表现。处处礼让，这既表现了对老人的尊重，也表现了对自身品格的完善。张良正是在不断礼让的过程中，磨砺了意志，增长了智慧，最终成为"运筹帷幄之中，决胜千里之外"的杰出的军事家、政治家。

许多时候，我们会不经意地处理、打发掉一些自认为不重要的事情或人物，但这种随意、不负责、不敬业或者是不道德的行为会造成一些很不好的影响或后果，在你以后的人生道路上，它将在某个时候突然显现出来，令你对当年的行为追悔不已。

做人感悟

真正的强者总是善于隐藏自己的锋芒，而能在你生命中起推波助澜作用的人也往往隐藏在你身边的人群中，他甚至是很不起眼的。有时候，一个细微的动作、一种隐忍的心态就会感动高人，为你指点迷津，改变你的一生。

道歉是值得尊敬的事

罗斯福总统相当善于处理同新闻记者的关系，曾获得"入主白宫最好报人"的美誉。《纽约时报》的记者贝莱尔被派驻白宫，按照惯例，白宫新闻秘书引他来谒见总统。"总统先生，你是否认识《纽约时报》的费利克斯·贝莱尔？"一个浑厚有力、充满自信的嗓音传了过来。"不认识，我想我还没得到那份快乐。不过，我读过他的东西。"这句话不是说得太棒了吗？连措辞都是行话，都是记者间谈论工作的用语。"我读过他的东西"，完全是其中的一员，又与其身份相称。初次见面就创造了良好的气氛。

罗斯福有些时候显得不近人情。一次，罗斯福在记者招待会上做长篇演讲，措辞激烈，而贝莱尔在下面却睡意蒙眬。总统突然大声喊道："贝莱尔，我不在乎你代表的那家报纸！是我容忍你待在这儿的。既然在这儿，你就得做笔记！"对贝莱尔来说，美国总统对他大喊大叫，使他难受得简直想找个地洞钻下去，或冲上讲台把罗斯福揪下来……

冲突归冲突，罗斯福下来仍同记者一起谈笑，简短交换意见，相互之间毫无拘束地鼓掌，气氛也极为融洽。他甚至给记者取绰号。贝莱尔的绰号叫"鲁汉"，因为罗斯福认为像《纽约时报》那样严肃的报纸应该有一个叫"鲁汉"的人……双方在关心的玩笑中又重新肯定了。

还有一次，罗斯福在记者招待会上斥责一名记者，可他立刻明白，他的斥责过重、过严。事后，这位记者向他表示歉意，说他前晚玩牌到4点，以致今天会上精神不佳。而总统却说，扑克牌真是个好玩意儿，他好长时间没和他们一起玩几局了。他转身要自己的秘书去搞一顿自助晚餐，晚上他们要一起玩牌。晚上果然玩牌。上次的失礼可以用道歉来补救么，不然要那维护关系的礼仪干什么呢？更好笑的是，他们玩牌还赌钱，而罗斯福在那个晚上成了个大赢家。

大多数人一辈子难得与记者打几次交道，但类似的交道总统却不会少，这就得让我们好好考虑一下了。

罗斯福能教训人，也能反省自己做得是否过分，过分的就真诚地道歉。在生活中该道歉的何不低头认错呢？一个国家的总统都能做到这一点，我们普通人在社会交往中更应这么做。

当然，当我们道歉时，也会出现对方不原谅，碰了钉子下不了台的情况，那么我们应该用什么态度去对待呢？首要的一点是，既然是自己错了，别人生气也是合理的，这颗苦果还是自己吞下为好，相信对方最终会谅解自己的；其次，我们还是应该多从主观上找原因，也许是因为自己的道歉的方式、场合等不太恰当，而导致了这种情况。

其实，道歉也是有规律可循的。

道歉并非耻辱，而是真挚诚恳、有教养的表现。既然是道歉，就说明真有后悔之意，认错一定要出于真心，否则没有好的效果。

道歉是值得尊敬的事，不必奴颜婢膝。我们想纠正错误是堂堂正正的事，何羞之有？

如果道歉的话说不出口，也写不了信，可以用别的方式代替。送一盆花、一件小礼物等都能表明我们的歉意。

如果应该向别人道歉，自己也决定道歉，就马上去做。时间的长短同道歉的效果成反比。万一在你未道歉时，对方已出远门，或者因为别的什么原因而拖延了道歉的时间，甚至再也没有了道歉的机会，你将悔恨一生。

如果自己没有错，不必为了息事宁人而认错。这种没有骨气、没有原则的做法，对双方均没什么好处。道歉认错和遗憾二者的概念是不同的，只是感到遗憾而并无什么主观错误的事不用去道歉。

如用信件道歉，要诚心诚意写上"对不起"三个字，并可附送一本好书、一盒糖果等。这种表示，说明自己愿承担一部分或全部责任，请求谅解。假如别人应向你道歉而没有道歉，你也不必闷闷不乐，也别生气。如果你实在憋不住，可写一封信，说明你不快的原因，或由别人传话，说你想消除这烦恼。如果他正觉难堪，此信息一来，他就会有所表示的，也许他正不知该怎么办才好呢。

做人感悟

诚挚的道歉是最高明的社交润滑剂，也是最明智的社交艺术。

学会道歉，不必再找"托词"

正直的社交艺术要求在人际关系往来中，发现自己犯了错误，一定要真心实意地认错、道歉，不必再推托其词，寻找客观原因，作过多辩解。即使的确有非解释不可的原因，也必须在诚恳道歉之后再解释一下，不应该一开始就为自己申辩。否则这种道歉不会弥合裂痕，反而会加深人与人之间的隔阂。

当对方正处在气头上，什么话都听不进去时，首先通过第三人转达歉意，当对方"风平浪静"时，再当面道歉；如果僵持下去，常常会两败俱伤。

如果觉得道歉的话一时实在难以说出口，可以用别的方式代替，买个小礼物，附上一封简短的道歉信托人带过去，见面时，和对方握握手，用眼光传达一下歉意也能收到微妙的效果。

道歉不要拖延时间，扭扭捏捏、拖拖拉拉只会让对方因为与你有一道裂痕而疏远，甚至会导致对方跟你绝交。

要给对方时间，感情波动比较大时，对方往往要经过一段时间才能重新冷静下来，如果自己请人原谅没有被当场接受，稍后再过去表达自己的内疚与不安。

有时候，对许多人来说，承认错误已是一件很痛苦的事，但要获得友谊，这还不够，还必须迅速及时地、真诚坦然地向别人道歉。

我们知道马克思与恩格斯之间的伟大友谊，却很少有人知道马克思与恩格斯也曾经产生过误会，甚至差点影响两人之间的友谊。而马克思向恩格斯的道歉方法也堪为现代人处理社交矛盾与误会所效仿。

恩格斯的夫人玛丽·白恩士因病逝世。恩格斯怀着极其悲痛的心情，写信通知马克思。马克思当时正处于严重的经济危机中，他在回信中除了开头的"关于玛丽的噩耗，使我感到极为意外，也极为震惊"外，没有表现出恩格斯所期待的那样的同情与安慰，反而大念自己的苦经。恩格斯读完信，又气愤又伤心，几天后给马克思写了封信：

"你自然明白，这次我自己的不幸和你对此冷冰冰的态度，使我完全不可能早些给你回信。"

"我的一切朋友，包括相识的庸人在内，在这种使我极其悲痛的时刻对我表示的同情和友谊，都超出了我的预料，而你却认为这正是表现你那冷静的思维方式的卓越性的时刻，那就听便吧！"

马克思收到这封措辞严厉的信后，心里像压了一块大石头那样沉重。眼看20年的友谊发生裂痕，他深深感到自己写的那封信大错特错，而现在又不是马上能解释清楚的时候。过了10天，他估计朋友已"冷静"下来了，就写信认错，解释情况，表明心迹：

"在给你回信以前，我想还是稍微等一等为好。一方面是你的情况，另一方面是我的情况，都妨碍我们'冷静地'考虑问题。"

"从我这方面来说，给你写那封信是个大错，信一发出我就后悔了。

而这绝不是出于冷酷无情。我的妻子和孩子都可以做证,我收到你的那封信(清晨收到的)时极其震惊,就像我最亲近的一个人去世一样。而到晚上给你写信的时候,则是处于完全绝望的状态之中。"

恩格斯接到这封信,气就消了,心头的疙瘩解开了,他立刻深情地写信告诉马克思:

"……你最近的这封信已经把前一封信所留下的印象消除了,而且我感到高兴的是,我没有在失去玛丽的同时再失去自己的最老的和最好的朋友。"

就这样,两位伟大人物的一次小小隔膜,就在相互开诚布公、坦率地交换意见之下清除了。

做人感悟

人与人之间,尤其是朋友与朋友之间,相知贵在知心,彼此袒露心扉,犹如打开一本书一样,不掩饰、不虚伪,相互谅解、坦诚相处,有矛盾时及时交换意见,有问题及时谈心,那么人际交往中就不会出现绊脚石。

第四篇

交际有道

千难万难，识人最难

画人画虎，知人知面。人生万难，识人最难。具有识人的本领，与不同的人打交道的时候用不同的策略，这也是一种"方圆"之道。看透人心，可以在交际中掌握主动权，观其行而知其本质，做出最佳的应对之举。

孔子是春秋时期著名的思想家，当时很多有学问的人都希望投到他的门下，有个叫澹台灭明的人也是如此。孔子当时收下了澹台灭明。

澹台灭明对孔子非常尊重，也很好学，但由于其"状貌甚恶"，孔子并不看好他，甚至因此认为他"材薄"，不大喜欢他。

澹台灭明只好退学了。但出乎孔子的预料，这位其貌不扬的人却是一个德才兼备、品学兼优的好学生。他离开孔子以后，"南游至江"，竟然"名施乎诸侯"，"从弟子三百人"。

孔子后来提起这件事时非常惭愧，他说："以貌取人，失之子羽（澹台灭明的字）！"这件事情后来被记载在《史记·仲尼弟子列传》之中。

伊索寓言中有这样一则故事：

老鹰能说会道，几天下来就与狐狸结为好友。狐狸虽然狡猾，但也对这个新交的朋友颇为佩服，还要向老鹰学习口才。

为了方便交流，狐狸决定搬到老鹰所住树下的树洞里。老鹰在树上哺育后代，狐狸在树洞里生儿育女，两家人和睦相处了很长一段时间。一向怀疑世间是否有真情的狐狸也为它们的友谊骄傲起来。

可是，它们的友谊不久就破裂了。那年干旱，食物短缺，狐狸与老鹰都先后断了炊。这一天，狐狸外出觅食，老鹰就到树下把幼小的狐狸偷走，与雏鹰一起饱餐一顿。狐狸回来后，发现老鹰偷吃了它的儿女，极为悲痛，而自己又毫无办法，只能恨自己识人不淑。

"人心比山川还要险恶，知人比知天还要困难。"天还有春秋冬夏和早晚，可人呢？表面看上去很诚实的人，内心世界却包得严严实实，深藏不露，谁又能究其底里呢！有的外貌和善，行为却骄横傲慢，非利不干；有的貌似长者，其实是小人；有的外貌圆滑，内心耿直；有的看似坚贞，实际上疲沓散漫；有的看上去泰然自若，慢慢腾腾，可他的内心却总是焦躁不安。

"草萤有耀终非火，荷露虽团岂是珠。"生活中有很多事情都是真真假假，云里雾中，包括生活中的人也一样，人有百相，各自不同，所以有识人难的说法。就连孔子也会有误识的时候，就更不用说常人了。

人们天天呼唤坦诚相待，渴望相知相解之交。然而正由于缺乏才去强调，正由于贫瘠才去求援，我们又不能不承认小人的存在给真诚和美好的生活抹上了一层灰色的阴影。当你全力以赴的时候，那意想不到的背后一击可能有天降之祸。为了更好地生活、更好地发展，我们有必要练就识别人的本领。

古人提出："为治以知人为先。"即治理国家以了解、识别人为最首要的事情。可以说，非知人不能善其任，非善任不能谓知之。这句富有哲理的良言告诉世人，不了解人就不能很好地使用人。其实，这个治理国家的道理放在个人生活中也同样适用。一个人只有先了解他人，知道对方是怎样的人，才能更好地与他人交往，才能更好地保护自己。

做人感悟

千难万难，识人最难。正因为难，所以更显重要。要想更好地生存，每个人都不应忽视识别他人这一层。

听清言外之意，别让朋友伤了你

生活中，不可避免地存在这类朋友，他为了自己一时的利益和地位，不惜反戈一击，背叛你，甚至落井下石，他的危害是你不能预料的。

很多时候，因为你听不出这类朋友的言外之意，看不清他虚伪的表演，而被朋友利用和陷害。

你不要认为平常的朋友是这样欺骗和利用朋友的，即使是大艺术家也可能这样，为了自己的私利，甚至虚荣，也可能做出有害朋友的事情。

毕加索有一阵子常常往勃拉克的画室跑，他们形影不离，大家都觉得这是一对老朋友。再说，立体主义又是他们俩一起搞出来的。

有一天，勃拉克很沮丧地说，他把一幅画作坏了，许多见到这幅画的人都皱起了眉头。"真想毁掉这件败笔之作。"勃拉克这样嘀咕。

"别，别毁了它，"毕加索眯着眼睛，在那幅画前踱来踱去，倒像发现了杰作似的大声称赞个不停，"这幅画真是棒极了！"

勃拉克有点将信将疑。的确，在那个年头，好的和坏的都搅在一起，是杰作还是垃圾画自己也分辨不清。"真的很棒吗？"勃拉克问。

"当然，没问题，"毕加索认真诚恳地回答，"你把它送给我吧，我用我的作品与你交换，如何？"

于是，毕加索回赠勃拉克一幅画，换回了勃拉克差点要扔掉的"杰作"。

几天以后，有一些朋友去勃拉克的画室，他们都看到了毕加索的那幅画，它挂在房间里十分引人注目。勃拉克感动地说："这就是毕加索的作品。他送给我的，你们瞧，它真是美极了！"

差不多同一天，还是这些人，也去了毕加索的家，他们一眼就看见了勃拉克的"杰作"，当他们睁大两眼迷惑不解的时候，毕加索开始说话了："你们看看，这就是勃拉克，勃拉克画的就是这东西！"

毕加索的言外之意就是："勃拉克的画真是太差了，怎能跟我的画相比呢？"

细心的读者可以发现：毕加索在假惺惺骗取朋友的"物证"，以便毫不留情地在背后攻击朋友。他当时的表演可谓生动而逼真：眯着眼睛，在那幅画前踱来踱去，一副认真、仔细的样子，然后，对勃拉克那幅失败的画大加赞赏。

我们应该留意的是，生活中背叛你的朋友也可能采用这种夸张、不切实际的表演。

但是你千万不要做勃拉克，首先他不相信自己，其次如果他相信自己的判断，就不要犹豫。其实他应该知道毕加索的眼力不会那么差，从而提防他的那套虚假的表演，这样，以后的事就不会发生。所以说，听清朋友的言外之意，才能避免上当受骗。

做人感悟

即使是朋友的话，也要细加琢磨，以听清其真实意图。因为朋友的人格并非都是伟大的。

创造机会与人相识

美国总统罗斯福是一个与人交往的能手。在早年还没有被选为总统的时候，一次参加宴会，他看见席间坐着许多他不认识的人。如何使这些陌生人都成为自己的朋友呢？罗斯福稍加思索，便想到了一个好办法。

他找到一个自己熟悉的记者，从他那里把自己想认识的人的姓名、情况打听清楚后，然后主动走上前去叫出他们的名字，谈些他们感兴趣的事。此举使罗斯福大获成功。此后，他运用这个方法，为自己后来竞选总统赢得了众多的有力支持者。

在现实生活中，许多人似乎都有一种"社交恐惧症"，他们总是不愿主动向别人伸出友谊之手。你或许有过这样的经历：在一次大家都相互不熟悉的聚会上，90%以上的人都在等待别人与自己打招呼，也许在他们看来，这样做是最容易也是最稳妥的。但其他不到10%的人则不然，他们通常会走到陌生人面前，一边主动伸出手来，一边做自我介绍。

我们为何不能尝试着做出改变呢？当你也试着向陌生人伸过手去，并主动介绍自己的时候，你就会发现这比你被动站在那里要轻松、自在得多了。其实，你可以仔细回想一下，我们身边的朋友哪一个开始不是陌生人呢？正因如此，怀特曼说："世界上没有陌生人，只有还未认识的朋友。"

懂得如何无拘无束地与人认识，是我们必备的一个社会生存技能。这能扩大自己的朋友圈子，使生活变得更加丰富。而罗斯福所用的这种主动与陌生人打招呼并保持联系的办法，正是许多大人物都普遍采用的做法。主动向别人打招呼和表示友好的做法，会使对方产生强烈的"他乡遇故知"的美好感觉和心理上的信赖。如果一个人以主动热情的姿态走遍会场的每个角落,那么他一定会成为这次聚会中最重要的、最知名的人物。甚至有人说,大人物和小人物最主要的区别之一,就是那些大人物认识的人比小人物要多得多。而大人物之所以能够认识更多的人,就是因为他们总是乐于和陌生人交往。从这一点上看,做一个大人物并不难,只要你肯把手伸给陌生人就可以了。

在这个世界上,各个行业都有许多出类拔萃的人物,他们的影响是非同小可的,对于我们来说,必须要利用与他们正面接触的机会和他们建立良好的关系,这甚至对你的前途至关重要。不要等待,一味地等待只能使你错失良机,绝对不可能使你建立起良好的人际关系,你应该积极地一步一步地去做,这本没有什么让你感到害羞的。

有一个人,当他要结交新朋友时,他总是先想方设法地弄到对方的生日,然后悄悄地把他们的生日都记下,并在日历上一一圈出,以防忘记。等这些人生日的那天,他就送点小礼物或亲自去祝贺。很快,那些人就对他印象深刻,把他作为好朋友了。可以想到,这个人身边的朋友将会越来越多,他的事业也将会越来越兴旺发达。

其实,在各个场合,你同样有许多接触他人的机会。如果你想接近他们,让他们成为你人际关系网中的一员,你就必须为此付出努力。譬如,有朋友请你去参加一个生日聚会、舞会或者其他活动,你不要因为自己手头事忙而懒得动身,因为这些场合正是你结交新朋友的好机会。又如新同事约你出去逛逛商店,或者看场电影什么的,你最好也不要随便拒绝,这是一个发展关系的好机会。

因为人与人之间接触越多,彼此间的距离就可能越近。这跟我们平时看一个东西一样,看的次数越多,越容易产生好感。我们在广播和电视中反复听、反复看到的广告,久而久之就会在我们心目中留下印象。所以交际中的一条重要规则就是:找机会多和别人接触。

如果要想成功地找到一个与其他人接触的机会,你就必须对他的作息时间、生活安排有所了解。比如对方什么时候起床、吃饭、睡觉,什么时候上班、回家,从这些信息出发再确定跟对方接触的方式。如果打个电话,对方不在或者去找他时他正好很忙,这样就白费力气。因此,详细把握对方的工作安排、起居时间、生活习惯等因素再同其打交道，是很容易获得成功。

做人感悟

一旦和别人取得联系，建立初步关系之后，你还要抓住机会深入一下。交际中往往会有两种目的：直接的和间接的。直接的无非就是想成就某项交易或有利于事情的解决，或想得到别人某方面的指导；间接的目的则只是为了和对方加深关系，增进了解，以使你们的关系长期保持下来。无论你想达到什么目的，你最好有意识地让对方明白你的交际目的，如果对方不明白你的交际意图，会让他产生戒备心理：这人和我打交道有什么目的呢？那样你就很难跟对方深入交往下去。

多谈对方的得意之事

无论是与朋友还是客户交谈，多谈一谈对方的得意之事，这样容易赢得对方的认同。如果恰到好处，他肯定会高兴，并对你心存好感。

美国著名的柯达公司创始人伊斯曼，捐赠巨款在罗彻斯特建造一座音乐堂、一座纪念馆和一座戏院。为承接这批建筑物内的坐椅，许多制造商展开了激烈的竞争。但是，找伊斯曼谈生意的商人无不乘兴而来，败兴而归，一无所获。正是在这样的情况下，"优美座位公司"的经理亚当森，前来会见伊斯曼，希望能够得到这笔价值9万美元的生意。

伊斯曼的秘书在引见亚当森前，就对亚当森说："我知道您急于想得到这批订货，但我现在可以告诉您，如果您占用了伊斯曼先生5分钟以上的时间，您就完了。他是一个很严厉的大忙人，所以您进去后要快快地讲。"亚当森微笑着点头称是。

亚当森被引进伊斯曼的办公室后，看见伊斯曼正埋头于桌上的一堆文件，于是静静地站在那里仔细地打量起这间办公室来。

过了一会儿，伊斯曼抬起头来，发现了亚当森，便问道："先生有何见教？"

秘书为亚当森作了简单的介绍后，便退了出去。这时，亚当森没有谈生意，而是说："伊斯曼先生，在我等您的时候，我仔细地观察了您这间办公室。我本人长期从事室内的木工装修，但从来没见过装修得这么精致的办公室。"

伊期曼回答说："哎呀！您提醒了我差不多忘记了的事情。这间办公室是我亲自设计的，当初刚建好的时候，我喜欢极了。但是后来一忙，一连几个星期我都没有机会仔细欣赏一下这个房间。"

亚当森走到墙边，用手在木板上一擦，说："我想这是英国橡木，是不是？意大利的橡木质地不是这样的。"

"是的"，伊斯曼高兴得站起身来回答说："那是从英国进口的橡木，是我的一位专门研究室内橡木的朋友专程去英国为我订的货。"

伊斯曼心情极好，便带着亚当森仔细地参观起办公室来了。

他把办公室内所有的装饰一件件向亚当森作介绍，从木质谈到比例，又从比例扯到颜色，从手艺谈到价格，然后又详细介绍了他设计的经过。

此时，亚当森微笑着聆听，饶有兴致。他看到伊斯曼谈兴正浓，便好奇地询问起他的经历。伊斯曼便向他讲述了自己苦难的青少年时代的生活，母子俩如何在贫困中挣扎的情景，自己发明柯达相机的经过，以及自己打算为社会所作的巨额的捐赠……亚当森由衷地赞扬他的功德心。

本来秘书早已警告过亚当森，谈话不要超过5分钟。结果，亚当森和伊斯曼谈了一个小时又一个小时，一直谈到中午。

最后伊斯曼对亚当森说："上次我在日本买了几张椅子，放在我家的走廊里，由于日晒，都脱了漆。昨天我上街买了油漆，打算由我自己把它们重新油漆好。您有兴趣看看我的油漆表演吗？好了，到我家里和我一起吃午饭，再看看我的手艺。"

午饭以后，伊斯曼便动手把椅子一一漆好，并深感自豪。直到亚当森告别的时候，两人都未谈及生意。最后，亚当森不但得到了大批的订单，而且和伊斯曼结下了终身的友谊。

为什么伊斯曼把这笔大生意给了亚当森，而没给别人？这与亚当森的口才很有关系。如果他一进办公室就谈生意，十有八九要被赶出来。亚当森成功的诀窍，就在于他了解谈判对象。他从伊斯曼的办公室入手，巧妙地赞扬了伊斯曼的成就，谈得更多的是伊斯曼的得意之事，这样，就使伊斯曼的自尊心得到了极大的满足，把他视为知己。这笔生意当然非亚当森莫属了。

激起对方的说话欲望

　　生活中的每个人都渴望友谊，希望拥有更多的朋友。但朋友都是由陌生人发展而来的，有相当一部分朋友是萍水相逢时认识的。在风光绮丽的景区、在熙攘喧闹的汽车上或者在小型聚会上，凭一个会心的微笑、几句得体的幽默话、一个礼貌的动作等，都可以与他人相识。关键是得找出交往的契机，主动伸出友谊之手，打开对陌生人关闭着的心灵之门。然而不是所有的人都是善谈的，有的人比较沉默寡言，虽然有交谈的欲望，却不知从何谈起。这就需要其中的一方改变态度，率先向对方发出友好信号，激起对方的谈话欲望，达到交流的目的。

　　假若你的一个话题使对方产生了浓厚的兴趣，那么无论他是一个如何沉默的人，他都会发表一些言论的。因此你在谈话的停滞之中，一定要想法寻找并且不断地激起对方的兴趣，使谈话能够一直持续下去。

　　当你对做父母的人称赞他们的孩子，甚至表示你对那孩子感兴趣时，那么孩子的父母很快便会成为你的朋友了。给他们一个谈论其孩子的机会，则他们就会很自然而又无所顾忌地滔滔不绝了。

　　与陌生人见面，要善于倾听，主动关心他人，还可以通过慷慨的给予帮助来激发他们的谈话欲望。

　　初次相见或不太熟悉时，没有谁愿意向有困难的陌生人施舍什么帮助，因为他们怕不清楚对方的底细帮出麻烦来。这种想法固然有一定的道理，但正是这"一定的道理"把自己结识别人的大好机会给赶跑了。善于交际的人是不会这么想的，他们认为与人方便，自己也方便，只有放下顾虑、慷慨解囊，才能赢得别人的感激与好感——这恰是一座沟通感情的桥梁。

　　对于那些腼腆的人，交谈者应主动寻找话题，消除对方的紧张感。

做人感悟

　　朋友相交，重在交流。由陌生人到朋友，需要通过深入的交流才会相互了解。要达到深入交流的效果，就要在掌握交谈艺术的同时激发对方的谈话欲望，只有这样才能彼此加深了解，从陌生走向熟悉，进而成为朋友。

不妨流露真实感情

　　感情是联系说者和听者心灵的纽带。说话时把自己丰富而真实的感情表达出来，能产生巨大的影响，能产生震撼人心的力量，能唤起别人的热情，能使听众受到感染，产生共鸣。有人说："热情是每个艺术家的秘诀，这如同英雄有本领一样是不能拿假武器去冒充的。"说话，情不深则无以感动心灵。

一、男儿有泪尽情流

　　人是感情动物。杜甫在著名诗篇《蜀相》中写道："出师未捷身先死，长使英雄泪满襟。"无情未必真豪杰，弹泪未必不丈夫。

　　林肯出身于一个鞋匠家庭，而当时的美国社会非常看重门第。林肯竞选总统前夕，在参议院演说时，遭到了一个参议员的羞辱。那位参议员说："林肯先生，在你开始演讲之前，我希望你记住你是一个鞋匠的儿子。"林肯看看他，没有生气、没有愤怒，而是用略带伤感的语气深沉地说："我十分感谢你说的话，因为它使我想起我的父亲，他尽管已经去世了，但我会永远记住你的忠告，我知道我做总统无法像我父亲做鞋匠做得那么好。"听了林肯这一席话，参议院陷入一片沉默。过了一会儿，林肯又对刚才那个参议员说："据我所知，我的父亲以前也为你的家人做过鞋子，如果你的鞋子不合脚，我可以帮你改正它。虽然我不是伟大的鞋匠，但我从小就跟随父亲学到了做鞋子的技术。"说完这几句话后，林肯大声地对全体参议员说:"对参议院的任何人都一样,如果你们穿的那双鞋是我父亲做的,而它们需要修理或改善,我一定尽可能帮忙。但是有一件事是可以肯定的,我无法像他那么伟大,他的手艺是无人能比的。"说到这里,林肯流下了眼泪,顿时,参议院所有的嘲笑都化成了真诚的掌声。后来,林肯如愿以偿地当上了美国总统。

作为一个出身低下的人,林肯没有任何后台可供依靠。他唯一的资本只有自己扭转不利局面的才华。正是一次伤感的话语,使他赢得了参议院所有参议员的尊重,抵达了生命的辉煌。林肯在关键时刻运用了他的眼泪,让人们看到了他的铁汉柔情。

二、零度风格

说话的魅力并不在于语言的华丽、讲话的流畅,而在于你是否倾注了感情,表达了真诚。最能推销产品的人并不一定是口若悬河的人,而是善于表达真诚的人。当你用得体的话语表达出真诚时,你就赢得了对方的信任,建立起人际之间的信赖关系,对方也就可能因信赖你这个人而喜欢你说的话,进而喜欢你的产品了。

作家王潜就说话提出了一个"零度风格"的概念,意思是:"说话人装着对自己所说的话毫无情感,把自己隐藏在幕后,也不理睬听众是谁,不偏不倚、不痛不痒地背诵一些冷冰冰的条条儿,玩弄一些抽象概念,或是罗列一些干巴巴的事实,没有一丝丝的人情味,这只能是掠过空中的一种不明来历去向的声响,所谓'耳边风',怎能叫人产生兴趣、感动人、说服人呢?"有人说得好:"只有被感情支配的人最能使人相信他的情感是真实的,因为人们都具有同样的天然倾向,唯有最真实的生气或忧愁的人,才能激起人们的愤怒和忧郁。"

正当希腊面临马其顿王国的入侵,而有遭受亡国和失去自由的危机时,希腊著名演说家德摩斯梯尼曾经作过一次著名的演说,他的每一句话、每一个词语都充满着发自内心的极为丰富的爱国主义情感。他热情洋溢地说:"即使所有民族同意忍受奴役,就在那个时候,我们也应当为自由而战斗。"从这洋溢着爱国热情的词句中,人们看到了一颗真挚的拳拳之心,因而他的演讲激励了无数的希腊人从聆听演说的广场直接奔赴战场,连向家人作一声道别也被认为耗费了时光。他的敌人，马其顿的国王腓力见到这篇演说词，也不由感慨地说："如果我自己听过德摩斯梯尼的演说，连我也要投票赞成他当我的反对者领袖。""感人心者，莫先乎情。"能让对手击节赞叹，这其中蕴含了多么真挚、奔涌的情感，这炙热的爱国主义情感从心底的火山喷发，产生了惊天动地的力量！

三、表达感情时也要有分寸

人有时非常感性，容易冲动，感情是当众讲话中的必备，但一定要讲究"度"。如果不对感情加以自我控制，任凭情感泛滥，会让人厌恶，显得虚伪轻浮，正所谓"过犹不及"。心理学家卡洛·塔维斯说："不仅应该认识坦白之必要，而且要知道什么时候才应该坦白，坦白到什么程度。"不分对象、不顾场合的真情流露是要付出非常昂贵的代价的。

苏联已故领导人赫鲁晓夫曾在联合国大会上作过一次演说，感情充沛，内容丰富，本应收到很好的效果。可他在激动之中忘乎所以，竟脱下一只鞋拿在手里，在讲台上使劲儿代替手掌拍打，一时全场哗然。无独有偶，在第二次世界大战时，滑稽演员卓别林曾被邀去华盛顿作抗击法西斯公债募购演说，听众人山人海，卓别林也情绪激昂。由于他过于兴奋，竟从临时搭起的讲台上滑了下来。

这还不说，他又一手抓住身边的一位女明星，两人一起栽倒在一位身材高大、年轻英俊的海军军官——后来成为美国第32届总统的罗斯福身上，观众为之哗然，庄严肃穆的募捐险些成为一场闹剧。

无论有声语，还是势态语，都讲求自然、简明，富于变化，与情感的表达相宜适度。"不及"与"过度"都是不足取的，甚至是失败的。如一位姑娘就诊，值班的高医生给她诊了脉，用听诊器在其下腹部听了几分钟，便面带笑容地当众高声宣布："是喜病，3个多月了。"话音刚落，姑娘的母亲那蒲扇般的大巴掌已重重地落在高医生的左脸上。并骂道："杂种！你污辱我闺女！"扔下女儿冲出门去。姑娘也泪流满面地离开了门诊室。挨打的高医生不但没得到在场群众的同情，反而引起很多人的非议。高医生的话不可谓不真，其情不可谓不实，然而这种不看对象、不分场合的真情实感很不相宜，其代价是挨耳光、损形象。

做人感悟

虚情假意永远换不来真感情。

多为对手鼓掌叫好

人们在做事的过程中处处有竞争，那么对竞争中的对手你该怎样看待他们呢？对于你的对手，切不可嘲笑、贬低，更不可诅咒。因为所有的敌人都可能是你的对手，但对手不一定就是你的敌人。他们有可能是你的动力、朋友乃至知音。

1991年11月3日夜，美国大选揭晓。当选总统克林顿在竞选总部楼前他的支持者们的聚会上发表即席演说，先是言辞恳切地感谢前一天还在互相唇枪舌剑、猛烈攻击的主要政敌——现任总统布什，感谢布什在从一名战士到一位总统期间为美国做出的出色服务，并呼吁布什和另一位对手佩罗及其支持者与他团结合作，在未来4年里重造美国，在全面振兴美国的大变革中继续忠诚地服务于祖国。

而远在异地的布什则打电话祝贺克林顿成功地完成了一场"强有力的竞选"，他还调侃地告诫克林顿："白宫是个累人的地方。"并保证他本人和白宫各级人士将全力以赴地与克林顿的班子合作，顺利地完成交接工作。

竞选的成功与失败，对于布什和克林顿这两个对手来说，欢乐与悲哀都是不言而喻的。但在现实面前，两个对手保持了高度的理智，对对方的成绩表现了超然的风度。

为自己叫好容易，为别人叫好困难，为对手叫好更困难。生活中有许多人只知为自己取得的进步和成功欢呼，对别人尤其是对对手取得的进步和成功无动于衷，他们很少真诚地为别人和对手叫好。

可是你知道吗？为别人和对手叫好并不代表你就是弱者，你就是失败者。因为你为别人和对手叫好是一种美德，你付出了赞美，这非但不会损伤你的自尊，相反还会收获友谊与合作；为别人和对手叫好是一种智慧，因为你在欣赏他们的同时，也在不断地提升和完善自我；为别人和对手叫好是一种修养，对别人和对手赞赏的过程，也是自己矫正自私与妒忌心理，从而培养大家风范的过程。

做人感悟

美德、智慧、修养，是我们做人的资本。

化敌为友

排斥对手对事情没有一点帮助，弄得不好还会两败俱伤，相反，如果抱着欣赏对手的心态，则可能赢得人心。人与人之间肯用真心交流，就会增进了解，消除隔阂。使他人变成你的朋友，拿对手当成动力，不是更有利于你的成功吗？

不肯欣赏对手的人，实在是很不幸的。在正常条件下，欣赏对手能发挥极大效果，它会给你带来幸福、友谊，乃至成功。

在一次盛大的宴会上，有一个平日和安德鲁·卡内基在生意上就存在竞争的钢铁商人大肆抨击卡内基，说了他许多的坏话。

当卡内基到达而且站在人群中听到他的高谈阔论的时候，那个人还未察觉，仍旧滔滔不绝地数落卡内基。使宴会主人非常尴尬。他生怕卡内基会忍耐不住，当面加以指责，使这个欢乐的场面变成了舌战的阵地！

可是卡内基表情平静，等到抨击他的那个人发现卡内基站在那里，反而感到非常难堪，满面通红地闭上了嘴，正想从人群中钻出去。卡内基却真诚地走上前去，亲热地跟他握手，好像完全没有听到他刚来在说自己坏话似的。他的竞争对手脸上顿时一阵红一阵白，进退不得。卡内基给他递上一杯酒，使他有机会掩饰一时的窘态。

第二天，那抨击卡内基的人亲自来到卡内基的家里，再三向卡内基致谢。从此他变成了卡内基的好朋友，生意上也互相支持。这个人还常常称赞卡内基，认为他是个了不起的大人物，使得卡内基的朋友都知道卡内基多么和蔼、多么慈祥，从而更加亲近他、尊敬他。

卡内基就是卡内基，受到对手的侮辱也不在乎，相反示以友好，拿出诚意，从而双方获得了交流，赢得了友谊。

卡内基和他的竞争对手的交情是一种"化敌为友"的交情，其中有宽恕，有忏悔，有慷慨的义气，有豪爽的侠情。

做人感悟

当你树立了一个敌人的时候，你所得的将不只是一个敌人，你在精神上所受到的威胁将十倍百倍于他实际上给你的威胁。

而你用高尚的人格感动了一个敌人，并使他成为你朋友的时候，你所得到的也将不只是一个朋友，你在精神上所感受的欢乐和轻松也将十倍百倍于他实际上所给你的。

没有永远的敌人

真正促使自己成功，使自己变得机智勇敢、豁达大度的，往往是那些常常置自己于死地的打击、挫折和竞争对手。

挪威著名剧作家亨利·易卜生把自己的对手瑞典剧作家斯特林堡的画像放在桌子上，一边写作，一边看着画像，从而不断激励自己。易卜生说："他是我的死对头，但我不去伤害他，把他放在桌子上，让他看着我写作。"据说，易卜生在对手斯特林堡的目光关注下，完成了《社会支柱》、《玩偶之家》等世界戏剧文化中的经典之作。

有了欣赏对手的心情，人与人、人与自然、人与社会也会变得更加和谐，更加亲切。我们自身也会因为这种心理的存在而变得愉快和健康起来。

做人感悟

人生没有永远的敌人，无论竞争多么激烈的对手，竞争过后都会有

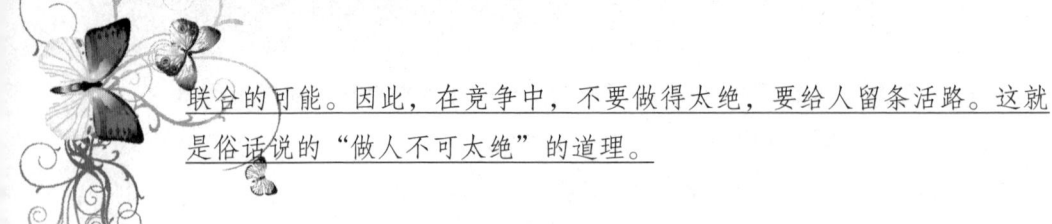

联合的可能。因此，在竞争中，不要做得太绝，要给人留条活路。这就是俗话说的"做人不可太绝"的道理。

百善孝为先

慈是做父母的义务，而孝是做儿女的义务。唐朝诗人孟郊在《游子吟》中写道：

> 慈母手中线，游子身上衣。
> 临行密密缝，意恐迟迟归。
> 谁言寸草心，报得三春晖。

这首诗以淳朴的笔调，写出了出行在外的游子思念慈母的心情，写出了亲子之爱，反映了人伦的准则。小草尚知报答春天的恩泽，何况为人子呢？

陈毅同志对父母的拳拳孝子情，就非常感人。

身为国务院副总理兼外交部长等要职的陈毅，在他62岁那年，随周总理出国访问归来，途经成都时去看望了重病在身、已年过八旬的老母。进屋时，恰遇老母因病重小便失禁而换下的一条尿裤，母亲见儿子到来，无比欣喜，但不愿让儿子见污浊之物，便挥手使眼色，让侍候她的侄女把尿裤扔到床下。陈毅见此情景，忙拉住母亲的手问是怎么回事，母亲知道瞒不住，只好说了实情。陈毅听后感慨地说："娘，您久病在身，我没能侍候，心里有说不出的难受，这裤子今天就让我去洗吧。"接着，又对自己的夫人张茜说："家乡有句俗话，'婆媳亲，全家和'。你这个平常不能照顾婆婆的媳妇，也该尽点孝道，让我们一起来洗好不好？"

陈毅和张茜便乐呵呵地为老母洗了尿裤和其他衣物。

随着历史的发展，虽然孝行的伦理原则已焕发出新的生机，但以自由和平等为基础的孝慈不仅是必要的，而且还是必需的。为人处世中凡嫌弃父母的逆子，必将受到人们的谴责；凡是孝敬父母的孝子，必将受到人们的赞扬。

"孝"是稍纵即逝的眷恋,"孝"是无法重现的幸福,"孝"是一失足成千古恨的往事。"孝"是生命交接处的链条,一旦断裂,永无连接。

赶快为你的父母尽一份孝心。也许是一处豪宅,也许是一片砖瓦;也许是大洋彼岸的一只鸿雁,也许是近在咫尺的一个口信;也许是一顶纯黑的博士帽,也许是作业簿上的一个红五分;也许是一桌山珍海味,也许是一只野果、一朵山花;也许是花团锦簇的盛世华衣,也许是一双洁净的布鞋;也许是数以万计的金钱,也许只是含着体温的一枚硬币……在"孝"的天平上,它们等值。

不知是谁说过:"恩情,不一定会用世俗恩情的形式呈现在你我面前,它有时会变换不同的容颜来帮助你。不要用决裂的行为对待所有的关系,因为有时是你错解了它;不要让遗憾发生,用感恩的心情看待世界,可防止一切不幸发生。"

按照中国人的传统观念,做人的最基础的情感是孝敬父母双亲。一个人对父母无情,对何人何物还复有情?"鸦有反哺之义,羊知跪乳之恩",孝既然是情感,就要有发自内心的爱。

有一位老母亲,因为身体衰老而逐渐丧失了工作能力。她的儿子千方百计地想遗弃她,于是狠心地背着她往深山里走。途中,这个儿子一路上都听到老母亲折断树枝的声音,他心想:"一定是老母亲怕被遗弃之后,无法自己识路下山,因此在沿路做上记号。"他不以为意地继续往深山里面走,好不容易到达目的地之后,他放下背上的老母亲,毫无感情地对她说:"我们就在这里分别吧!"这时候,他母亲慈祥地说着:"上山的时候,沿途都有折断树枝的记号,你只要顺着记号下山,就可以安然回家了。"这位老母亲并不在意儿子的大逆不道,反而沿途帮他做了记号,以使他在返家的路途中不会迷路。这种无比慈悲的伟大胸襟,终于唤醒了她儿子的良知。"不孝子"赶紧向母亲赔罪,又将她背回家,从此对母亲百依百顺,善尽人子孝养之道。

有一个男孩,在他20岁时,父母相继去世了,只剩下一个妹妹与他相依为命。为了赚钱养家,他按照报纸的招聘广告去寻找工作。面试时,老板问了他一个不同寻常的问题:"你有什么宗教信仰?"这个男孩回答:"没有。不过,尽管我没有宗教信仰,可是已经过世的双亲却一直活在我的心中,只要一想到他们,我就不会做出坏事了。因为我告诉我自己,绝不做出让父母亲伤心的事情,我一直秉持这个原则生活着。"老板被他的孝心所感动,终于录用他为公司的员工。

《诗经》中说:"哀哀父母,生我劬劳;养我育我,不辞劳苦。"现代社会的一个特点就是各种社会福利和服务机构日趋健全和完善,其结果从好的方面看,意味着现代人可以从家庭和亲友之外获得更多的帮助;但从另一方面说,如此一来同时也减轻了人际情感交流的重要意义,首先便是对亲情观念的淡薄。一个在服务上乘的全托幼儿园里长大的孩子,能指望他对父母产生深厚的感情吗?当老年人住进舒适的养老院之后,子女还会有尽孝的机会和习惯吗?

家庭结构正在发生分解,先是三代同堂的大家庭,然后是父母双亲,接着就是夫妻之间,最后轮到的就是自己的孩子。于是现代社会一方面汽车成群,高楼林立,另一方面则是人为造成的鳏寡孤独比比皆是。在这样一种情况下,重新呼唤渐渐被人遗忘的家庭亲情,其重要性已经不次于恢复被破坏的自然生态环境。

孝是中华传统伦理的基础,因了这份情感,炎黄子孙的人生才会充实、幸福。

做人感悟

从小到大,我们的每一步都拉扯着父母的心,都牵动着父母的情。年轻时,我们只知道一味地、理所当然地向父母索取。他们再苦再累也总是毫无怨言地尽量满足我们的一切要求,即使是那些在今天看来极其无理的要求。可悲的是,等我们真正能够意识到、体会到父母的艰辛不易时,岁月的风霜已经染白了他们的双鬓,深深的皱纹也已爬满了他们的额头,或许某一天,他们就会永远离我们而去。那时真的已是"子欲养而亲不待"了。

第五篇
聪明做人，机智做事

低调做人，以退为进

在社会生活的过程中，别人都会有意、无意地侵害我们。这需要我们进行自我保护，但是不同的自卫方式会产生不同的效果。人如果采取乌龟式的自卫方式，带一些迟钝，化解对方的挑衅，就可以减少很多不必要的误会与麻烦；但是如果采取刺猬式的自卫，就会引起别人警惕，虽然可以暂时击退不怀善意者，但却不可避免地会引起一场厮杀，使自己遍体鳞伤。因此，示弱也是一种无形的力量，适度、适时地示弱，可以混淆对方的视听，使其作出错误的判断，从而掉入你为他设计好的陷阱里；也可以迟滞对方作出决定的时间，从而给自己反击的时间。从而，你可以寻找到解决问题的机会。这是一种险中求退、退中求进的策略，更是低调者韬光养晦的必备条件。

如果当低调者遇到了势力强大的对手时，他们会处处表现得很谨慎，示弱于对手，这样敌人必会掉以轻心，产生轻蔑的思想，作出错误的判断，从而掉入你为他设计好的陷阱里。正所谓"骄兵必败"。放低姿态，示人以弱，这是在古往今来众多竞争中取胜的一大法宝。

战国时期，魏国和赵国一起攻打韩国，韩国向齐国紧急求救，齐国派田忌和孙膑带兵前去解韩国之围。齐军向魏国首都大梁（今河南开封）进发，摆出攻魏的样子，吓得魏国将军庞涓急忙调兵回头，紧随齐军追赶，妄图一举消灭齐军。当孙膑了解到这种情况后，对将军田忌说："魏军一向剽悍恃勇而轻视齐军，我们就利用魏军的这个弱点，来个进军减灶，假装胆怯，给庞涓一个假象，这样可以很快把他消灭掉。"

大军浩浩荡荡地向西行去，开饭时候到了，10万大军埋锅造灶，绵延数里，蔚为壮观。隔了一日，庞涓追到齐军做饭的地方，看到了遍地的土灶，命令士兵统计，庞涓得知齐军有10万之众，他因此不敢轻举妄动，只好在后面慢慢地追赶。又一次到了做饭的时间，孙膑下令把灶减少一半，只埋5万个灶，士兵们不知是什么用意，却也只好从命。又隔近一日，庞涓赶到此处，一数齐军之灶，只剩5万，便有些偷喜，心想："齐军果然害怕了，两天便跑掉了一半！"于是便下令魏军加快行军步伐。第三天做饭时，孙膑只让士兵们做了3万个饭灶，半天后庞涓追到这里，一数锅灶，发现只有3万个了，庞涓不禁哈哈大笑："我知道齐军本来就胆小害怕，到魏国才三天，就跑掉了一大半。"于是便命令步兵原地待令，只带精锐骑兵几千，以两倍于平日的行程追击齐军。

此时，孙膑估计到庞涓傍晚会赶到马陵，马陵道路狭窄，重峦叠嶂，地势十分险要，孙膑便在路两旁埋伏上弓箭手。果然，庞涓傍晚赶到马陵，他还未来得及喘口气，齐国射手万箭齐发，魏军大乱，庞涓自知智穷兵败，只好拔剑自杀了。

孙膑的示弱仅仅是一种手段，不是目的，而是通过示弱赢取最后的战争胜利。不过无论何种形式的示弱，都要以强劲的实力做后盾，否则，只会弄巧成拙，一事无成。示弱有时候也要讲究示弱内容，例如，地位高的人在地位低的人面前可以展示一下自己的奋斗过程，表明自己也是一个平凡的人；成功者在别人面前可以说一些自己的失败经历与现实的烦恼，告诉人们成功并非易事；对经济状况不如自己的人，可以适当诉说自己的苦衷，让人感觉到家家有本难念的经；拥有一技之长的人，可以诉说自己对其他领域一窍不通，日常生活中经常闹笑话等。可见，放低姿态、示人以弱乃是生存竞争的大谋略也。

做人感悟

适时险中求退、退中求进，这是低调者韬光养晦的必备条件。

人在屋檐下，要学会低头

"人在屋檐下，不得不低头"是说人处困境的时候，不能不低头退让。但处于屋檐下，不同的人可能会采取不同的态度。有志者，将此当作磨炼自己的机会，不断丰富、充实自己，以图将来东山再起，而绝不会消极乃

第五篇 ◆ 聪明做人，机智做事

至沉沦；那些经不起困难和挫折的人，往往会彻底失去希望，畏缩不前，不想办法克服眼前的困难，只是一味地怨天尤人，听天由命。

被称为美国之父的富兰克林，年轻时曾去拜访一位德高望重的老前辈。那时他年轻气盛，挺胸抬头迈着大步，一进门，他的头就狠狠地撞在门框上，疼得他一边不住地用手揉搓一边看着比他的身子矮去一大截的门。

出来迎接他的前辈看到他这副样子，笑笑说："很痛吧！可是，这将是你今天访问我的最大收获。一个人要想平安无事地活在世上，就必须时刻记住：低头有时候是必须的。这也是我要教你的事情。"

富兰克林从这一经历中受益终身，后来，他功勋卓越，成为一代伟人。他在一次谈话中说起"撞门"的经历："这一启发帮了我的大忙。"这个故事，何尝不是给了我们一大启发呢！

春秋时期，越王勾践被抓到吴国当人质，给吴王夫差当奴役。从一国之君到为人仆役，这是多么大的人格侮辱！但勾践并没有用自杀或其他方法争取一个国君的尊严，而是低下了头，真的当起了仆人。

到了吴国后，勾践住在山洞里，夫差外出时，他都亲自为之牵马。即使有人羞辱他，他也绝不还口。一次夫差病了，勾践让人在背地里预测一下，知道此病不久就可痊愈。于是，勾践就去探望夫差，并尝了夫差的粪便，然后对夫差说："大王您的病就快好了。"夫差问他："你怎么知道的呢？"勾践说："我曾经跟名医学过医道，只要尝尝病人的粪便，就知道病情了，刚才我尝大王的粪便有酸味而略苦，所以您的病很快就好的。"果然，没几天夫差果然好了，夫差认为勾践比自己的儿子还孝敬，很受感动，便把勾践放回了越国。

勾践所受之辱，可以说是做人所能承受的极限。但他低下头，承担了下来，结果不仅报了仇，还成了当时的霸王。

"人在屋檐下"是人生经常遇到的情况，它会以很多不同的方式出现，当你需要"屋檐"时，请不要"不得不"，而要告诉自己："一定要低头！"当然，头不能白低，而是要在低头中寻找机会，创造机会。

《红楼梦》里的林黛玉，因寄人篱下，自认为"不敢多行一步路，不敢多说一句话"，这就是人在屋檐下，一定要低头的道理。一个人暂时处于劣势，靠着别人生活，还要飞扬跋扈，岂不贻笑大方？人在屋檐下，一定要低头，这是明哲保身的"心机"。

"一定要低头"有非常多的好处：不会因为勉强低头而碰破了头；由于你非常自然地就低下了头，而不致成为明显的目标；不会因为沉不住气而想把"屋檐"拆了，从而使自己受伤；不会因为脖子太酸，忍受不了而离开能够躲风避雨的"屋檐"。离开不是不行，但要去哪里？这是一定得考虑的。而且离开后想再回来，那是很不容易的，谁都知道，回头路不好走。

在"屋檐"下待久了，就有可能成为屋内的一员，甚至还有可能把屋内人赶出来，自己当主人。这是一种更高层次上的"一定要低头"，是有意识地主动消隐一个阶段，借这一阶段来了解各方面的情况，消除各方面的隐患，积蓄自己的力量，为将来的大举行动做好前期的准备工作。

"低头"的目的是为了让自己与现实环境有着和谐的关系，把两者的摩擦系数降至最低；是为了保存自己的能量，好走更长远的路；更为了把不利的环境转化成对自己有利的力量，这是做人的一种权变，更是最高明的生存智慧。

做人感悟

苏东坡在《留侯论》中有这样一段话："天下有大勇者，卒然临之而不惊，无故加之而不怒，此其所挟持者甚大，而其志甚远也。"这也算得上是对学会低头的另一种注解吧。

不怕不精明，就怕不糊涂

生存需要精明，但不可忽略糊涂的重要性。因为人与人之间情感的沟通和交流是心的交流，如果过于精明，就会让人觉得狡猾，它会把本应淳朴真挚的关系，人为地弄复杂，让人敬而远之，而适当的糊涂则会让人与人之间多一分宽容与和谐，让生存变得更为简单。

小张和小王两个人是同事，两个人都离单位比较远，便相约一起住在了一套房子里，随后，两个人的家人也都搬了进来，由于条件有限，两家人只能共用一个厨房、客厅、卫生间。

一天，厨房的灯泡坏了，两家人都怕吃亏，谁也不去换灯泡，便赌气摸黑做饭。结果呢，第二天早晨，楼下的垃圾箱里出现了小张家烤焦了的大闸蟹和小王家烧糊了的牛肉。

这个故事看后也许你会觉得好笑，但却绝对在情理之中，因为我们周围的确有太多的人会如此"精明"，绝对不"糊涂"。

三国中的曹操算得上是一个英雄人物，他"青梅煮酒论英雄"，天下豪杰在他那儿好像都是透明的，他对他们了如指掌。不过"智者千虑，必有一失"，他稍一糊涂，便把大好的江山拱手让给了司马氏。

曹操本来也知道司马懿有大智，还说他有"狼顾"之相，但司马懿并没有因此而遭殃，这就是司马懿做人的智慧之处，他是个懂得装糊涂的人。

在曹操手下"做工"的时候，司马懿每天勤于公务，废寝忘食，只要是碰到大事，他必与曹操商量，即使他知道事情该怎么处理，也要请示一下曹操，以表明自己优柔寡断，拿不定主意。如此谦恭的态度，换取了曹操的信任。虽然如此，曹操在死前，还是告诫过曹丕，不让他授军权予司马懿。

这并没有难倒司马懿，他再一次使出了糊涂策略。无论身居何职，他都用各种方式表示自己的忠诚。在他转战三国之际，他胸中有许多战略，不过他并不直接提出来，而是让手下暗示曹丕，让曹丕说出来，以显示皇帝高瞻远瞩的眼光。

结果，司马懿再一次得逞，曹丕临终前忘掉了曹操的嘱托，竟托孤给了司马懿。

不过，司马懿的暗中崛起还是被曹家人察觉。曹芳即位后，曹爽掌权，将司马懿明升暗降，剥夺了其兵权。为了斩草除根，曹爽甚至想害死司马懿，这次司马懿又使出了装糊涂的策略，他扮成了一副老态龙钟的模样，双手颤抖，连进食都困难，让曹爽放弃了对他的戒备。

在时机来临之后，司马懿就不再装作老糊涂了，当曹爽外出打猎之际，他突然精神焕发地出现在了部下面前，一举将军权夺回，并将曹爽斩首。

此后，司马懿再也用不着装糊涂了，他开始全力施展自己的才能，将曹氏的江山玩弄于股掌之上，终于把曹姓江山变成了司马氏的天下。

人生在世，无一例外要受到世俗的干扰，这时候就是我们选择一种生命状态的时候了，有的人选择清醒地活着，睁开双眼仔细地观察着这个世界，努力表现着"精明"，这就是一种聪明吗？并不然，这只是一种自作聪明的做法。而另一种生命状态就是"糊涂"，适当的糊涂可以让自己的心灵保持一分宁静与快乐。

人生不怕不精明，却怕不糊涂。当然，这里的精明与糊涂并非完全是本质意义的，而是超越字眼本意的。确切地说，它们是人们露在表面的状态，是表现得精明或糊涂，而非一个人的内心是否如此。就像两个故事里的主人公一样，精明的表现未必得到实质的好处，而像司马懿一样，表现得糊涂却能创造出更好的生存环境，拥有更为丰盛的收获。

生活中，糊涂有时就是一门艺术，因为糊涂中有形如疯傻的清醒，有脸上挂着笑的哭，有表面看是错的对……这一切都是大聪明、大智慧，能给人们带来许多好处。

其实，生活中我们常有这样的体会，对方多一分精明，你便多一分防范；而对方多一分糊涂，你就会少一分戒备。由此及彼，他人也是如此。那么，我们为什么不能多"糊涂"几次，而非要将自己推向风口浪尖，时时接受他人的挑战呢？

做人感悟

智者生存，聪明的人从来都懂得留一半清醒，留一半醉，在精明与糊涂之间找到最好的切入点，对不同的事情采取不同的策略，而绝非简单地表现出精明的一面。

能忍则忍，退一步海阔天空

忍是一种美德，也是一种智慧和力量。在一定的条件下，对小人的所

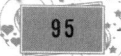

作所为，应采用忍的态度。"忍者无敌"，不与小人计较，退一步海阔天空，这也是对付小人的一种策略。

一心为公的人往往容易受到小人的妒忌，由此使自己陷于矛盾之中，受到不公正的待遇。这样的不平之遇要善于忍受，否则稍有不慎，就会让小人得意，自己反而会受到更大的打击。

石苞是西晋初期一位著名的将领，晋武帝司马炎曾派他带兵镇守淮南，在他的管区内，兵强马壮。他平时勤奋工作，各种事务处理得井井有条，在群众中享有很高的威望。

当时，占据长江以南的吴国还依然存在，吴国的君主孙皓也还有一定的力量。他们常常伺机进攻晋朝。对石苞来说，他实际上担负着守卫边疆的重任。

在淮河以北担任监军的人名叫王琛。他平时看不起贫寒出身的石苞，看到石苞受到重用，心中很是不平，总想伺机予以陷害。

于是，他秘密向晋武帝报告说："石苞与吴国暗中勾结，想危害朝廷。"在此之前，风水先生也曾对武帝说："东南方将有大兵造反。"等到王琛的秘密报告送上去以后，武帝便真的怀疑起石苞来了。

于是，武帝想秘密地派兵去讨伐石苞。

武帝发布文告说："石苞不能正确估计敌人的势力，修筑工事，封锁水路，劳累和干扰了老百姓，应该罢免他的职务。"接着就派遣太尉司马望带领大军前去征讨，又调来一支人马从下邳赶到寿春，形成对石苞的讨伐之势。

王琛的诬告，武帝的怀疑，石苞一点也不知道，到了武帝派兵来讨伐他时，他还莫名其妙。此时，有人劝他："既然大兵来讨，你连辩解的机会也没有了。武帝听信谗言，无辜怀疑你，你与这种糊涂君主拼了算了。如果能一举打败他，说不定还能白捡个天子呢！"但他想："自己对朝廷和国家一向忠心耿耿，坦荡无私。出现这种事情一定有严重的误会。一个正直无私的人，做事情应该光明磊落，无所畏惧。"于是，他忍了忍，放下身上的武器，步行出城，来到都亭住下来，等候处理。

武帝知道石苞的行动以后，顿时惊醒过来，他想：讨伐石苞到底有什么真凭实据呢？如果石苞真要反叛朝廷，他修筑好了守城工事，怎么不作任何反抗就亲自出城接受处罚呢？再说，如果他真的勾结了敌人，怎么没有敌人前来帮助他呢？想到这些，晋武帝的怀疑一下打消了。后来，石苞回到朝廷，还受到了晋武帝的优待。

俗话说："脚正不怕鞋歪，身正不怕影斜。"石苞的故事告诉我们：在大是大非面前和紧急关头，应该冷静地对待和妥善地处理。对于自己所遇到的不平遭遇，要勇于忍受，不要因此而惊恐不安或是气愤不已，轻举妄动，那样只能是把事情搞得更糟。

做人感悟

对待小人，与其对抗不仅失君子身份，而且不一定稳操胜券，因为小人善于耍阴谋诡计，并懂得利用君子的方正性格。所以，在小事上，君子应以能忍为上。

过于精明会搬起石头砸自己的脚

为人处世中的过于精明并不是什么大智慧，说到底，那不过是一种小聪明，小智术，这种人很容易聪明反被聪明误，搬起石头砸自己的脚。

《孟子·尽心章句下》中说：只有点小聪明而不知道君子之道，那就足以伤害自身。

盆成括做了官，孟子断言他的死期到了。盆成括果然被杀了。孟子的学生问孟子如何知道盆成括必死无疑。孟子说："盆成括这个人有点小聪明，但却不懂得君子的大道。这样，小聪明也就足以伤害他自身了。"

小聪明不能称为智，充其量只是知道一些小道末技。小道末技可以让人逞一时之能，但最终会祸及自身。只有大智才能使人伸展自如，只有大智才是人生的依凭。

明代大政治家吕坤以他丰富的阅历和对人生的深刻洞察，写出了《呻吟语》这一千古处世奇书。书中说了一段十分精辟的话："精明也要十分，只须藏在浑厚里作用。古今得祸，精明者十居其九，未有浑厚而得祸者。

今之人唯恐精明不至，乃所以为愚也。"

提起《红楼梦》中的王熙凤，人们惊叹于她的无与伦比的治家才能，她的应付各色人等的技巧，但人们更为熟悉的是她的结局。她算是文学作品中"聪明反被聪明误"的典型了。王熙凤的判词是这样的："机关算尽太聪明，反送了卿卿性命。"

王熙凤在贾府算是一个巾帼英雄了，她想尽各种办法，用种种计谋，想使贾府振兴起来，或者至少维持着大家的局面，同时也积攒些家私。然而她的努力，她的鞠躬尽瘁，却招来贾府上下人的一片不满，最终也没有使贾家有什么起色，死后甚至连女儿也保不住。

王熙凤比一般人更多地体验了痛苦的折磨，且不说她在背后遭骂挨咒，劳心竭力，绞尽脑汁，就是死时的凄凉和死后的寂寞也会使她备尝苦楚。倒是李纨并不轰轰烈烈，并不劳心竭力，却落得干净自在，其人缘好，中年时儿子功成名就。的确，王熙凤只知进，不知退，只知耍小聪明，不知道厚道待人；只知损人利己，不知深藏于密。甚至连自己的丈夫也数落她、背叛她，她实在是活得好苦好苦，而这一切的根源，却在于她的聪明和爱耍小聪明。

西方有这样一种说法，法兰西人的聪明藏在内，西班牙人的聪明露在外。前者是真聪明，后者则是假聪明。培根认为，不论这两国人是否真的如此，但这两种情况是值得深思的。

做人感悟

说到聪明，人生不可缺，处世之必须。但聪明过了头未必是好事，小聪明更是害人害己的坏事。

机关算尽，聪明反被聪明误

无论做什么事，都不能耍小聪明。所以过分地玩弄心计、过分卖弄自己聪明的人，反而被聪明误，引火烧身，招灾引祸。

"赔了夫人又折兵"的典故，出自《三国演义》，讽喻那些设计整人整不到，反而贴了老本的人。

周瑜是安徽庐江人，与孙权的哥哥孙策同年，交情甚密，结为昆仲。周瑜人生得靓，资质风流，仪容秀丽，才学也无人可比。在曹操屯兵百万虎视长江沿岸的形势下，东吴议降者甚众，军心涣散，如非力排众议主张抗敌的周公瑾，东吴早归属曹操了。但他耍小聪明想用美人计囚禁刘备来换取荆州却成了千古笑料。

却说刘备没了甘夫人，周瑜知道了这个消息，心生一计，要孙权的妹妹嫁与刘备，让刘备来入赘，然后把刘备幽囚在狱中，却使人去讨荆州换刘备，等讨得荆州，再对付刘备。未曾想诸葛亮听到消息，猜定是周瑜的计谋，遂让刘备应允，并让赵子龙保护刘备，临行前授予三个锦囊，内藏三条妙计。东吴那边，孙权之母听得消息，见了刘备一表人才，却真心实意要把女儿许配与他。周瑜和孙权不想此事弄假成真，又不敢公开囚禁和杀害刘备。刘备劝说娘子去荆州，娘子应允，于是二人商定去江边祭祖，乘机逃离东吴。周瑜派兵追赶，却被娘子挡了回去。正当周瑜准备孤注一掷时，却见诸葛亮早在岸边等候，刘备等已登了船，往荆州而去。岸上乱箭射来，却是去行远了。刘备的兵望着急急追来的吴兵，大叫"周郎妙计安天下，赔了夫人又折兵！"

周瑜自恃胜券在握，不想遇到了诸葛亮。这"赔了夫人又折兵"，实际上正是周瑜聪明反被聪明误的结果。俗语说，"偷鸡不成反蚀把米"，也正是说明耍小聪明不但得不到最终结果，还要做赔本生意，落人耻笑。

其实，聪明是一笔财富，关键在于如何使用。财富可以使人过得很好，也可能毁掉人。真正聪明的人会使用自己的聪明，他们平时深藏不露，不到火候不轻易使用，貌似浑厚，不让别人眼红。耍小聪明往往是招灾引祸的根源。

喜欢算计人的小人，无不以为自己聪明、妙算，但因为用心险恶，都维持不了长久。既要整人，又不便明言，这就注定了败局。设的计见不了人，是奸计，奸计不得人心，天人共愤，自己虽精心谋划，却未免心虚。有一丝透露，就心惊肉跳。且再秘密的事，也没有不透风的墙，别人一旦知道了,也就"夫人"赔了,"兵"也折了。一个时时、处处、事事显露精明的人,不会取得别人的信任、同情和爱护、栽培,因此不会取得真正的、巨大的成功。

做人感悟

有些自以为聪明的人,专以算计别人为能事。结果总是会算计到自己头上。一个事事精明的人,不会有几个朋友,这就是聪明反被聪明误。

强出头者必招来祸患烦恼

很多人由于太精明,事事想争先,处处想位于人前,不分何时都想出人头地,不知退让,到头来,自己给自己招来祸患,使自己处于无穷的烦恼之中。

知足常乐,适可而止,是古今中外智者贤达所一致推崇的处世哲学,而很多人在利益的旋涡中往往忽略了这一点。中国人的智慧之源《周易》一书中,早告诫人们"亢龙有悔",即一个人过于要强,必然招来灾祸。

人不甘于平凡,总想有点作为。这种想法是推动社会前进的动力。许多人认为,如果生活太平凡、太普通,日子太单调、太呆板,就没有多大意思,尤其是年轻人,更是珍惜一生难再的青春,总想在历史的长河中翻起几朵浪花,在历史的教科书上留下一笔重彩。古代不是有人说过"要么名垂千古,要么遗臭万年"的话吗?

然而,古往今来,普天之下,还是平凡的人多于非凡的人。实际上,要做一个非凡的人很难,能安于做一个平凡的人也不容易。一个人如果看得破、看得透,其平凡的经历都透露着非凡的智慧。

常言道:"烦恼皆因强出头。"一位作家曾说过,猴子爬得越高,屁股又红又脏的丑相就越加显眼;自己不知道身上只穿着"皇帝的新衣",却忙不迭地挣脱"隐身衣",出乖露丑。许多稍有才能的人,终生挣扎着在几人之下,万人之上,耗费精力,何苦来哉?

三国时的蜀国重臣杨仪，因未受到重用，而口不择言，乱发牢骚。结果被小人告发，落得个贬为庶人，最后羞惭，自刎而死，真是太不值得了。

孔明去世后，刘禅依照孔明的遗言，任命蒋琬为丞相、大将军、录尚书事；晋升费祎为尚书令，同理丞相事。杨仪虽为官多年，还有新功，却仍依旧职，此情况下，心中不快是自然的。他找了费祎发牢骚，诉说对蒋琬的不服气，并且提起孔明死后，将全军指挥权托付给他的老谱，说如当初带兵投魏，还不至于像现在这个官。这是气话，因为这气话不同寻常，故说话的对象应是知己。费祎在杨仪最苦闷时，被找来听诉牢骚，无疑应是杨仪的老友、知交，谁知不然，费打了小报告，差点要了杨仪的命。

杨仪官至长史，已是不小的官职，但因横向比较，产生了怨气。他在敌兵压境，内隐叛患的复杂情况下，被诸葛亮尽托一应大事，说明他的素质、能力和应变急才是超人的；但诸葛亮又没有向刘禅推荐他作"任大事者"，又可知杨仪有他的个人局限。杨仪就好比一位有实战经验的将才，能在瞬息万变的战场态势下率千军万马从容应对，但却缺少和平时期上下左右的相处之气量，因此只能胜战，不能治国。他的缺少气量，实在是崇尚做官的虚荣，崇尚做比人显赫大官的虚荣。长史是大官了，却还有更大的官。他从战地回来的期望值太高了，一旦实现不了，就产生了抵触情绪，就表现了不成熟的一面。这就是希望强出头的杨仪的悲剧。

杨仪仅只是不服别人，禁不住寂寞。当今社会有些人禁不住寂寞，是舍不得放弃做官。官位就像贾宝玉脖子上的那块石头，是命根子，丢了或变小了，都会要他们的命。某局长5年前就已58，可5年后仍填58，这认真劲头可以他到组织部多次声明、说明、证明自己过去年龄有误为例。为此，大家说"×局长就是不肯迈入六十岁"，用以讽刺他迷恋官位，不愿退休的心态。有许多人虽退了，却在心理上调整不过来，整天叨咕着别人忘恩负义，不来看望他。这也是不甘寂寞的反映。还在位上的，也只能上不能下，只想摆重要的位置不想到不重要的部门。每一次换届选举，各地政府部门的官们，有些人都在惶惶不安注视着人大的任命，有些人不惜串门子、找领导，千方百计保住自己的"×长"。

其实在当今社会，生活丰富多彩，不做官从另一个角度说，反倒获得了更多的时间,享受天伦之乐,欣赏田园风光,获得市井乐趣,如此优越之处,哪来的寂寞?人生的乐趣如此丰富,何苦为了一官半职而自寻烦恼呢?

做人感悟

非但做官如此,在其他事务上,亦应如此,保持一颗平常心、知足心,是最聪明的选择。"月满则亏",亏时未免伤心落泪,与其承受人生"亏"时的凄凉痛苦,不如像曾国藩那样,保持一种"月未圆时花未开"的心态,就会保持永恒的快乐和恬淡,任凭风浪起,横祸也不会飞来。

贪婪是人生最大的愚蠢

有道是"知足常乐"。此话并非劝人消极退让,实在是一种高明的处世智慧。世间种种痛苦,种种祸端,由贪婪所致者十之八九。

人有七情六欲,本是天性。但由于物欲与情欲容易使人获得快感,也容易使人获得满足,一旦放纵人的本性去寻求满足,就会使人沉沦其中,从而迷失心声,引发贪念。人的理智一旦丧失,则成为欲念的奴隶,如同跌落到深山峡谷,而无法自拔。

不良的嗜好对于人的危害好似烈火,专权弄势的脾气对心性的腐蚀如同凶焰;假如不及时给一点清凉冷淡的观念缓和一下其强烈的欲望,那猛烈的欲火即使不将其烧得粉身碎骨,也会使其贪心"贪"完自己。正如老子所说:"祸莫大于不知足,咎莫大于欲得。"所以人们必须加强自身的道德修养,抑制自己的贪欲,尽量避免"伸过头"、"蛇吞象"的现象出现,如此才能潇洒地走完人生历程。

霍光是骠骑大将军霍去病的弟弟。武帝去世时,他接受遗诏辅佐太子,以托孤大臣的身份,主持朝政。皇帝对他都有几分敬畏,举国上下都十分尊重他。14年后,霍光和群臣迎立刘询做了皇帝。在这次换皇帝的过程中,霍光起了十分重要的作用。他在朝廷的地位也越来越高,他的亲戚朋友借他的显赫威势,飞扬跋扈起来,渐渐引起了许多人的不满。

刘询本来已有妻室，他感激结发妻原先不嫌弃他贫贱，便立她为皇后。霍光的夫人显氏利令智昏，她派人杀死了原来的皇后，硬把自己的女儿推给了刘询，做了皇后。这样霍家的权势如虎添翼，如日中天。在霍光死后，仍然把持朝廷军政，女儿做着皇后，儿子、女婿们担任军界和政界的要职。

刘询接到过许多报告，都是揭露霍家罪行的，考虑到霍家对自己的威胁，于是他开始削弱霍家的权力。眼看着霍家走下坡路，握惯了大权、用惯了大权的一家人不禁惶惶不可终日，最后商量出废除刘询的一不做二不休的办法。谁知发动政变的重要机密竟被泄露，刘询下令逮捕了霍家老小，显氏和她的儿子、女儿、女婿们全部被处死，受株连的有一千多家。

霍光本是一位极其谨慎的人。他受命托孤，确立了自己的地位，后来为了天下的利益废除笨蛋加淫棍的皇帝，更是加强了自己的权威，但他并没有倚权自重、为非作歹。只是霍光的家人受权力所惑，陷于追求权力的泥潭不能自拔，不满足于已经极盛的权威，却想做皇帝，最后的结局一定只能是悲剧了。

一个人的欲望是很难满足的，俗话说："人心不足蛇吞象。"越是贪婪地追逐、满足私欲，就等于把那把双刃剑磨得越来越锋利，最终会害了自己。

从这个意义上来说，只有"知足"，才能为人们带来莫大的幸运和福气。

做人感悟

锱铢必较，贪得无厌的人，看起来很精明，其实是鬼迷心窍，最愚蠢不过了，因为贪欲的驱使，他们最终会跌入罪恶的深渊而永世不得翻身。

戒骄戒躁，夹着尾巴做人

在目前流行的语言是"包装"，就是把自我宣传好，把其缺点掩饰起来，把其优点放大。在一个流于社交应酬，盛行宣传、广告、包装的商品时代，"笨人"无疑是可笑的。但实际上人际关系最根本在真、在诚，无论交际的技巧如何老练，若无善心，过于工于心计，其处世不会久长，交友不会长久。

宋儒吕本中在《童蒙训》中说："每事无不端正，则心自正焉。"有了诚心方能办诚事。交友、处世首先不是一个技巧问题，而是一个诚心问题。所以他认为"凡人为事，顺是由衷方可，若矫饰为之，恐不免有变时。任诚而已，虽时有失，亦不复藏使人不知，便改之而已。"这就是说处事待人千万不要虚情假意，矫揉造作，意不由衷，口是心非。

在今天首先要学"笨"些，而不是学"精"，就是说多保持一些诚实的东西，少来一些虚假的东西，按此法其必有大成就。若顺应商业化社会那种只重交际技巧、矫揉造作的路子发展，不会有大作为，充其量只能当个公共关系部的主任。

人生处世要放长远眼光，大智若愚，这一道理是中国大儒们努力所做的。曾国藩给其弟的信就说明了这一点：

弟来信自认为属于忠厚老实一类人，我也相信自己是老实人。但只因为世事沧桑看得多了，饱经世故，有时也多少用一点机巧诈变，使自己变坏了。

实际上因这些机巧诈变之术总不如人家得心应手，徒然让人笑话。使人怀恨，有什么好处呢？这几天静思猛省，不如一心向平实处努力，让自己忠厚老实的本质还我以真实的一面，回复我的本性。贤弟此刻在外，也要尽早恢复忠厚老实的本性，千万不要走入机巧诈变那条路，那会越走越卑下。即使别人以巧诈待我，我仍旧以淳朴厚实待他，以真诚耿直待他，久而久之，人家有意见也会消解。如一味勾心斗角，互不相让，那么，冤冤相报就不会有终止的时候了。

曾国藩是最反对人傲气的，他的家书中，指出傲气是人生一大祸害，切要根除，他说："古来谈到因恶德坏事的大致有两条：一是恃才傲物，二是多言。"丹朱不好的地方，就是骄傲和奸巧好讼，也就是多言。所以父亲尧不愿意把君位传给他。

在另一封信中曾国藩又讲到这个问题，告诫其弟一定要戒牢骚。信上大意说：

在几个弟弟中,温弟天资本是最好的,只是牢骚太多,性情太懒。我曾见过我的朋友中那些爱发牢骚的人,以后一定有很多的挫折。……这是因为无故而埋怨上天,上天就不会给他好运;无故而埋怨别人,别人也决不会心服。因果报应的道理,自然随之应验。温弟现在的处境,是读书人中最顺畅的境地,却动不动就牢骚满腹,怨天尤人,一百个不如愿,实在叫我不可理解。

以后一定要努力戒除这个毛病,……只要遇到想发牢骚的时候,就反躬自问:"我是不是真有什么毛病以致心中这样的不平静?"不狠心自我反省,不决心戒除不足。心平气和、谦虚恭谨,不只是可以早得功名,而且始终保持这种平和的心境,还可以消灾减病。

盛气凌人也罢,牢骚太盛也罢,都是自傲的一种表现。自傲是人生一大误区。做人自谦,从个人来说这是最老实的态度,世界之大,无奇不有,无论个人如何神通也不过宇宙间一个尘埃而已。更何况山外青山楼外楼,水平高的人多的是,只是你未看见而已。从外人来说,自谦也是最实际的。夹着尾巴做人不是虚伪而是诚心。朱熹在给其长子的家信中说:"凡事谦恭,不得盛气凌人,自取耻辱。"这就是说自谦招福,自傲招害。《三国演义》中的马谡,纸上演兵,盛气凌人,结果兵败人亡。所以《颜氏家训》中说:"满招损,谦受益。"真是为人之真言。

做人感悟

<u>为人处世,尾巴不要翘得老高老高,而是应永远放下来,夹起来。这样做似乎弱些,似乎软些,一时还会让小人得志,其实笑到最后的一定是你。真正聪明的人处世的高明之处正在于着眼于大处,着眼于长远。</u>

韬光养晦,示弱干人巧避祸

高明的人待人处世,特别要注意藏锋露拙,匿锐示弱。

这里所说的要藏锋露拙,匿锐示弱,并非是要人埋没自己的才能,而是为了有效地保护自己，不导致祸端，从而更好地发挥自己的才能和专长。追求卓越和超凡出众，本身是一种积极的人生态度。但一味孤芳自赏，无视周围环境，就会与人格格不入，招人厌恶，千方百计让你过不去。

战国末期，韩国贵族韩非（约前286-前233年）与吴起、商鞅的政治思想一致，著书立说，鼓吹社会变革。他的著作流传到秦国，被秦王嬴政（即后来的秦始皇）看到，极为赞赏，设法邀请他到秦国。但才高招忌，入秦后，还未受到重用，就被李斯等人诬陷，屈死狱中。

宏图未展身先死，这样纵使有满腹经纶又有何用。如果韩非不是招摇才华，而是谦卑抱朴，等待时机，或另待明主，或婉转上奏，使自己的政治抱负得以施展，相信他并非仅仅就是一个思想家，同时又会成为一代名臣巨相，而不会是一个悲剧人物。

有成语曰"锋芒毕露"。锋芒本是刀剑的尖端，比喻显露出来的才干。一个人若无锋芒，那就是提不起来，所以有锋芒是好事，是事业成功的基础，在适当的场合显露一下既有必要，也是应当的。

然而，锋芒可以刺伤别人，也会刺伤自己，运用起来应小心翼翼，平时应插在剑鞘中。所谓物极必反，过分外露自己的才华只会导致自己的失败。尤其是做大事业的人，锋芒毕露既不能达到事业成功的目的，又失去了身家性命。

所以，有才华的人应该隐而不露，该装糊涂时一定要装糊涂，待机而行动。

杜祁公有一个学生做县官，祁公告诫他说："你的才华和学问，当一个县官是不够你施展作为的。但你一定要积存隐蔽，不能露出锋芒，要以中庸之道治理县政，求得和谐安定，不这样的话，对做事没有好处，只会招惹祸端。"杜祁公说："我为官多年，做了许多职位，感触很深。这就是我要告诉你不方不圆，在中庸之道中求得和谐的这些话的原因啊！"

洪应明的《菜根谭》中说："矜名不若逃名趣，练事何如省事闲。"

这句话的意思是说：一个喜欢夸耀自己名声的人，倒不如避讳自己的名声显得更高明；一个潜心研究事物的人，倒不如什么也不做来得更安闲。这正是"隐者高明，省事平安"之谓。

做人感悟

自古就有"良贾深藏若虚，君子盛德若愚"，意思就是人的才华不可外露，深明韬光养晦之道，才不会招致世俗小人的嫉恨，而使你的事业一帆风顺地发展下去。

含蓄也是一种美

巴甫洛夫是苏联杰出的心理学家。他32岁才结婚。如同他杰出的研究成果一样，他的求婚也别具一格。

1880年最后一天，巴甫洛夫还在心理实验室没回来。许多朋友在他家等他。天下着雪，彼得堡市议会大厦的钟敲了11下。一个同学不耐烦地说："巴甫洛夫真是个怪人。他毕业了，又得过金牌，照理可以挂牌做医生，那样既赚钱又省力。可他为什么要进心理实验室当实验员呢？他应该知道，人生在世，时日不多，应该享享福、寻寻快活才是呀。"

巴甫洛夫的同学里面，有一个教育系的女学生叫赛拉非玛。她听了那个同学的话，站起来说："你不了解他。不错，人的生命总是短促的，但正因为如此，巴甫洛夫才努力工作。他经常说，在世界上，我们只活一次，所以更应该珍惜光阴，过真实而又有价值的生活。"

夜深了，同学们渐渐散去，赛拉非玛干脆到实验室门口去等巴甫洛夫。

钟声响了12下，已经是1881年元旦了，巴甫洛夫才从实验室出来。他看到赛拉非玛，很受感动，挽着她的手走在雪地上。突然，巴甫洛夫按着赛拉非玛的脉搏，高兴地说："你有一颗健康的心脏，所以脉搏跳得很快。"

赛拉非玛奇怪了："你这是什么意思？"

巴甫洛夫回答："要是心脏不好，就不能做科学家的妻子了。因为一个科学家把所有的时间和精力都放在科研工作上，收入又少，又没空兼顾家务。所以做科学家的妻子，一定要有健康的身体，才能够吃苦耐劳、不怕麻烦地独自料理琐碎的家务。"

赛拉非玛当即会意，说："你说得很好，我一定做个好妻子。"

就这样，他求婚成功了。在这一年，他们结婚了。

生活需要爱情，爱情是令人迷恋的交响乐，那么恋人之间应该如何表达爱情呢？当然，主要是靠语言来完善感情交流的。爱情的表达本无定式，直率与含蓄，各有价值，"完善感情交流"的语言有含蓄和狂热之分，恋人之间最好含蓄地表达爱情。就像巴甫洛夫那样。

有些人喜欢用狂热的语言、露骨的方式高温化地向恋人表达自己的爱情。它缺乏一种含蓄之美，可能会引起对方的反感，弄得事与愿违。有这样一位姑娘：她长得相当标致，在选择对象时总是以"刘德华"为标准，可是青春几何，一晃姑娘已是30岁的"大龄人"了。这一年，姑娘终于和一位风度翩翩的小伙子相识了。姑娘很高兴，唯恐失去自己的"意中人"，便急匆匆地表达出自己对对方的爱慕之情："我们结婚吧！我爱你"。结局可以想象得到，小伙子认为姑娘一定有什么有不可告人的隐私，才会这么急地要立即结婚，便小心翼翼地和她分手了。如果含蓄地表达，插柳不让春知道，可能就不会是如此的结局了。

含蓄地表达爱情，首先可使话语具有弹性，不至于对方一拒绝就没有挽回局面的余地。另外，这也符合恋爱时的那种羞怯心理，易于掌握。

含蓄地表达爱情，可归纳为如下四种方法。

一、暗示法

陈毅和张茜是一对情爱甚笃的革命情侣，早在20世纪30年代的戎马生涯中，陈毅对张茜就产生了一种超常的感情，为了暗示自己深切的爱慕之情，使这种感情能顺利发展下去，结出沉甸甸的爱情之果，陈毅苦心"经营"了一首诗《赞春兰》，送给了张茜（当时张茜的名字叫"春兰"）。诗中这样写道："小箭含胎初出岗，似是欲绽蕊露黄。娇艳高雅世难觅，万紫千红妒幽香。"张茜从这首诗中领悟了陈毅的深情，从此两个人确定了恋爱关系，这首《赞春兰》也就成了他们之间的"定情"之物。

二、以物传情法

以物传情法，就是在运用语言表达爱情的同时，借用物品传达情意，也起到了含蓄地表达爱情的目的。

几十年来久映不衰的美国著名影片《魂断蓝桥》，其女主人公玛拉将自己心爱的象牙雕"吉祥符"送给男主人公罗依，请看他们几句简单的对话。

玛拉（从车窗伸出手，手中拿着"吉祥符"）："这个给你！"

罗依："这是你的'吉祥符'啊！"

玛拉："也许会给你带来运气，会的。"

罗依："我已经什么都有了，你比我更需要它。"

玛拉："你拿着吧，我现在不再依赖它了！"

罗依（接过"吉祥符"）："你真是太好啦！"

玛拉（对司机）："到奥林匹克剧院。"（对罗依柔情地）"再见！"

罗依（依恋地）："再见！"

玛拉和罗依是一见钟情的，这些对话虽然没有直言爱情，但从赠送"吉祥符"的对话中，双方都已含蓄地表示了爱慕之情。在玛拉死后，这个不起眼的吉祥符，多年来一直在罗依的身边保存着，而且保存了一辈子，成为他们两人纯真爱情的象征。

三、表示关心法

许多人表示爱情都从自己的角度来表示，如果采用从对方的角度表示关心，从而流露爱情，可以收到更好的效果。

鲁迅先生的《两地书》中，收进了他写给夫人许广平的许多信件，记载了这位文学巨匠表达爱情的特殊方式。如信中常这样写道："应该善自保养，使我放心。""你如经过琉璃厂，不要忘掉了买你写日记用的红格纸，因为已经所余无几了。你也许不会忘记，不过我提醒一下，较放心。"这些关怀备至、体贴入微的话语，比起那种空洞无物的抒情、赞美话语来说，要有感情得多了。

在日常生活中，如恋人生日，为他（她）举办生日晚会；在两地工作的，向恋人寄生日卡片、打电话、发短信、发E-mail，祝贺其生日。种种向对方表示关心的方式，都可以在一定程度上含蓄地表示爱情。

四、表达感受法

在表达爱情的时候，采取不直接表达爱的要求，而是表达爱的感受，同样可以起到表达爱的作用。

例如说，"我喜欢和你在一起"，就不如说，"我和你在一起的时候，总觉得时间过得那么快，真是光阴似箭；和你分别后，又觉得时候过得那么慢，像是度日如年"。又如说，"我十分想念你"，就不如说，"真不知怎么搞的，每当我做完工作，一静下来，你就在我的脑际浮现，我就想起我们在一起的那些日子"。

做人感悟

含蓄表达爱情的方法各种各样，不能生搬硬套，而要根据具体人、具体情况来灵活运用。例如你的恋人是一位文化素养不高的人，你就不能采用写深奥难懂的诗，赠给对方的方式。如果这样，非但不能达到表示爱情的目的，甚至有可能会引起不必要的误会。

拿得起是勇气，放得下是度量

不要永远背着过去的包袱，放下它。佛家常说："人生最大的幸福是放得下。"一个人拿得起是一种勇气，放得下是一种度量。对于人生道路上的鲜花与掌声，有丰富处世经验的人大都能等闲视之，屡经风雨的人更有自知之明。但对于坎坷与泥泞，能以平常心视之，就非易事。大的挫折与大的灾难，能不为之所动，能坦然承受，这就是一种度量。佛家以大肚能容天下之事为乐事，这便是一种极高的境界。既来之，则安之，这是一种超脱，但这种超脱又需要多年磨炼才能养成。拿得起，实为可贵；放得下，才是做人的真谛。

张瑜是一位著名的电影演员，在她最辉煌的时刻，毅然放弃事业，选择了出国学习，令许多圈内人士大为惊讶。有一次，一位记者就此事采访了回国不久的张瑜，请她谈谈当初这种选择背后的真实想法。

记者：当年为什么不去好莱坞发展？

张瑜：当时在美国的时候我很希望能把书念好，这是我很大的一个愿望，因为拍戏我从初中就离开了学校。

记者：所以当初就选择了出国？很多人说到您当年出国的事情都觉得特别奇怪，因为那是您最风光的时候，你却放弃了事业。

张瑜：其实没什么好奇怪的，可能这与我生来就比较能拿得起放得下有关吧。我看到过一篇文章上说：手里拿着一个硬币，把手掌朝下松开，硬币掉了，这是一种放下的方法；另外一种方法是手里同样拿着一个硬币，手掌向上放开，硬币还在手掌里，但是人也轻松了，意思就是很多时候其实拿起和放下是同时的事情。这就是说在一个很宽松的心态中去生活，这应该是一种比较正确的人生态度。

记者：现在回头看看当初的选择，您认为有没有后悔的地方？

张瑜：要说后悔呢，可能就是把自己最好的表演时段给放弃了。不过人是不能患得患失的。人的一生永远是在一种不自觉的选择中的，选择了这个，自然就放弃了那个。从这个角度说就没什么好后悔的，我也不可能让我的人生重来一次。

其实，只要人活着，生活还是生活，每一天都是我们要闯过去的一条河，如果你怨恨失败，你就会在怨恨中后悔一生。生活中，你自己除了会被自己打败，别人永远击不垮你。人生下来就有一副铮铮铁骨，只是有的人被人生中的困难磨平压垮，有的人则炼就得更加坚韧挺拔。如果我们能调整好心态，能把自己的人生视如一个奋斗不息、勇往直前的过程，我们就会对生活充满希望。这就要做到：拿得起，放得下。

在通常情况下，"放得下"主要体现于以下几方面：

第一，感情能否放得下。

人世间最说不清道不明的就是一个"情"字。凡是陷入感情纠葛的人，往往会理智失控，剪不断，理还乱。若能在情方面放得下，可称是理智的"放"。

第二，名声能否放得下。

据专家分析，高智商、思维型的人，患心理障碍的概率相对较高。其主要原因在于他们一般都喜欢争强好胜，对名看得较重，有的甚至爱"名"如命，累得死去活来。倘若能对"名"放得下，就称得上是超脱的"放"。

第三，钱财能否放得下。

李白在《将进酒》诗中写道："天生我材必有用，千金散尽还复来。"

如能在这方面放得下，那可称是非常潇洒的"放"。

第四，忧愁能否放得下。

现实生活中令人忧愁的事实在太多了，就像宋朝女词人李清照所说的："才下眉头，却上心头。"忧愁可说是妨害健康的"常见病、多发病"。狄更斯说："苦苦地去做根本就办不到的事情，会带来混乱和苦恼。"泰戈尔说："世界的事情最好是一笑了之，不必用眼泪去冲洗。"如果能对忧愁放得下，那就可称是幸福的"放"，因为没有忧愁确是一种幸福。

做人感悟

<u>人之一生，需要我们放下的东西很多。孟子说，鱼与熊掌不可兼得，如果不是我们应该拥有的，就抛弃掉。几十年的人生旅途，会有山山水水，风风会雨雨，有所得必然有所失，只有放下，才能拥有一份成熟，才会活得更加充实、坦然和轻松。</u>

有所放弃更有所坚守

你不喜欢过什么样的生活，就放弃什么样的生活；你喜欢过什么样的生活，就坚持过什么样的生活。没有人知道时间的长度，我们只管得了自己的事。当我们设计自己短暂的人生时，就要坚守自己的意念。因为在我们犹豫不决、摇摆不定的时候，生命也在无缘无故地流走。

拉马克于1744年8月1日生于法国毕加底，他是11个孩子中最小的一个，最受父母宠爱。拉马克的父亲希望他长大后当牧师，所以送他到神学院读书。当德法战争爆发后，拉马克参了军，他因病退伍后爱上了气象学，想自学当个气象学家。后来，拉马克在银行找到了工作，就想当个金融家。但很快，拉马克又爱上了音乐，整天拉小提琴，想成为一个音乐家。这时，他的一位哥哥劝他当医生，拉马克于是学医四年，可是对医学还是没有多大兴趣。一天，24岁的拉马克在植物园散步时碰巧遇上了法国著名思想家、哲学家、文学家卢梭，卢梭很喜爱拉马克，常带他到自己的研究室去。在那里，这位"南思北想"的青年深深地被科学迷住了。

从此，拉马克花了整整十一年的时间，系统地研究了植物学，写出了名著《法国植物志》。35岁时，拉马克当上了法国植物标本馆的管理员，又花了十五年，研究植物学。50岁的时候，拉马克开始研究动物学。此后，他为动物学耗费了三十五年时间。也就是说，拉马克从24岁起，用二十六年时间来研究植物学，用三十五年时间来研究动物学，成了一位著名的博物学家。

古往今来，凡是有成就的人，都像拉马克一样，懂得放弃和坚守，该放弃的事，要坚决地放弃，就算为之付出过很多也在所不惜。要知道自己应该坚守什么，一旦找到就排除万难，专心致志，集中精力去坚守。

在回答"成功的第一要素是什么"时，爱迪生答道："能够将你的身体与心智能量锲而不舍地运用在同一个问题上而不会厌倦的能力……你整天都在做事，不是吗？每个人都是。假如你早上7点起床，晚上11点睡觉，你做事就做了整整16个小时。对大多数人而言，他们肯定是一直在做一些事，唯一的问题是，他们做很多很多事，而我只做一件。假如他们将这些时间运用在一个方向、一个目的上，他们就会成功。"放弃与主要目标无关紧要的事情，把精力集中放在你想做的事上，是成功的第一要素。如果事事都要顾及，精力均分，怎么能把想做的事情做好呢，只能是庸庸碌碌，没有什么作为，什么方面都很平常。

历史上有不少人才被埋没，除了社会原因之外，就是他们没有把精力集中放在自己想做的事情上并坚持到底。成功者始终坚守他们的目标，而且常常在向目标奋进的过程中运用想象提醒自己目标所在。

因此，卡莱尔说："最弱的人，集中其精力于单一目标，也能有所成就；反之，最强的人，分心于太多事务，可能一无所成。"放弃与目标无关的事情，专注于一点，成功注定是属于你的。

很多时候我们需要断然的放弃和勇敢的坚守。世间有太多美好的事物。对没有拥有的美好，我们一直都在苦苦地向往与追求，为了获得而忙忙碌碌。其实自己真正应该放弃的，往往要在许多年后才会明白，甚至穷尽一生也不知所终！人生本是不快乐的。因为拥有的时候，我们也许正在失去，而放弃的时候，我们或许在重新获得。对万事万物，我们都不可能有绝对的把握。如果什么都想要，什么都去追逐与拥有，就很难得到任何一个你想要的。

生命给了我们无尽的选择，也迫使我们不断地放弃。

在集邮领域里，集邮者面对每年面世的新邮票和新邮品，如果想面面俱到、样样收集，必将一事无成。只有钻进集邮的某个领域或者某个集邮类别里，充分发挥自己的潜力，暂时放弃其他的集邮领域或者集邮类别，才会成为某个专题的收藏专家，或者能在某个领域学有所长，或者使展品获得满意的成绩。

因此，在集邮过程中必须懂得放弃和坚守，这里体现的是实事求是的精神，体现的是"量力而为"的睿智，体现的是长久的远见。

放弃必须放弃的、应该放弃的，才能更好地坚守自己应该坚守的。因为只有虚怀若谷，才可能呼风唤雨，吞云吐雾；只有浩瀚如海，才可能不择江河，千古风流。

从这个意义上说，放弃的是"芝麻"，拿到的是"西瓜"。

要想得到野花的清香，必须放弃城市的舒适；要想得到永久的掌声，必须放弃眼前的虚荣；要想有策马徐行的自得，必须放弃驰骋原野的不羁；要想获得坚定的信心，必须放弃摇摆不定；要想有所坚守，必须有所放弃。

放弃是一门选择的艺术，是有所坚守的前提。没有果敢的放弃，就没有辉煌的选择。与其拼命挣扎，拼得头破血流，倒不如潇洒地挥手，勇敢地去放弃。歌德曾经这样说过："生命的全部奥秘就在于为了生存而放弃无谓的生存。"

放弃是一种睿智。"明者远见于未萌，智者避危于未形。"一个人只有学会放弃，才会让自己更加宽容、更加睿智。放弃不是噩梦初醒，不是六月飞雪，也不是优柔寡断，更非偃旗息鼓，而是一种拾级而上的从容，一种闲庭信步的恬淡。

做人感悟

智者有曰：两弊相衡取其轻，两利相权取其重。放弃难言的重荷，方能解脱心灵的枷锁；放弃满腹的牢骚，方能蕴蓄不倦的动力；放弃牵强的诡辩，方能拥有深邃的思想；放弃虚伪的矫饰，方能赢得真挚的友情。

小舍小得，大舍大得，不舍不得。

学会表现自己

孔子的儒家中庸之道，让人过于内敛，不敢张扬自我，虽然在某种意义上这是一种美德，但过分压制，会磨灭豪情壮志，会失却热情。现代成功人士，应该拥有的是那种豪气冲天，敢为天下先的气概，旗帜鲜明地表现自己。

李白说，天生我才必有用。但是，即使你很有才华也需要表现出来，才能让大家有所了解。表现自己，突出自己，没有损害别人的利益，就是值得肯定的，因为只有积极地表现自己，你才能获得成功。

丹尼斯·魏特利拥有行为学博士学位，是全球最顶尖的心理学专家，也是全美最受欢迎的演讲家之一。著有畅销书《成功之本》、《成功契机》。丹尼斯·魏特利成功的经验之一就是：拿出自己最好的表现，让别人认识到你的价值。

几乎所有的成功人士，对于表现自己都非常重视。拿破仑在其他方面不能算是最优秀的楷模，但他知道表现自己的魔力，并且因此受益无穷。当拿破仑第一次被流放，法国军队受命捉拿他时，他不但没有跑掉或躲藏起来，相反的，他勇敢地出去迎接他们——一个人对付一支军队。而且，他掌握局势的极大信心奇迹般地生效了，因为他的行为似乎表明他期望军队服从他的指挥，所以，士兵们在他身后以整齐的步伐前进了。

很多人在表现自己的时候，缺乏信心，造成这种情况的重要原因，就是不知道该怎么表现自己。就像一位技工要修理陌生的汽车发动机，他总会犹豫不决，每一个动作都表明他缺乏信心。而一位高明的技工，即使对这种机型不是很懂，但是他们认为自己能够修好它，因此他的每一个动作便都流露出自信，结果证明他们在一边动手、一边修理的过程中，慢慢地就发现了问题所在。表现自己也是同样的道理,我们越是犹豫,越是不知道该从哪里开始。

成功与表现自己是分不开的,只有积极地表现自己,你的能力才能越来越强,你离成功才会越来越近。

做人感悟

<u>任何成功者都离不开表现自己。没有人喜欢那种软弱的、不果断的人。这种人总是瞻前顾后、唯唯诺诺,担心表现自己的后果。因此,他们成功的机会也就很少。</u>

通过比较提高决策的准确度

官渡之战前夕,为消除曹操的顾虑,多谋善断的郭嘉指出:"绍有十败,公有十胜,绍兵虽盛,不足惧也……"郭嘉分析的十个方面,包括了政治、路线、法治、气量、谋断、道德、仁爱、明察、用兵等,几乎涉及了决定战争胜负的一切方面。正是这样对敌我双方详尽的对比分析,澄清了对形势的错误认识,消除了曹操的一些疑虑,才使曹操做出了正确的决策。

赤壁大战前夕,孙权一时拿不定主意,于是召回周瑜帮助决断。东吴的和、战双方在朝堂之上展开了激烈的辩论。主降派的代表张昭认为:曹操在政治上"挟天子而征四方,动以朝廷为名",占据主动;军力上"近又得荆州,威势愈大";同时江东的地利条件已失:"吾江东可以拒曹者,长江耳。今曹艨艟战舰,何止千百?水陆并进,何可当之?"因此,东吴的出路只有一条——投降。周瑜针锋相对地指出:政治上曹操"虽托名汉相,实为汉贼",而孙权是为国家除残去暴;军事上,曹操犯了兵家四忌:一是后方不宁,马腾、韩遂为其后患;二是曹军多为北人不熟水战;三是隆冬盛寒马无蒿草;四是士卒不服水土多生疾病。于是得出结论:曹兵"虽多必败。将军擒操,正在今日"。周瑜比较全面的对比分析振奋了孙权的精神,初步坚定了孙权抗曹的决心。此后,诸葛亮又指出:孙权"怯曹兵

之多，怀寡不敌众之意"，"心尚未稳，不可以决策"，必须进一步"以军数开解，使其了然无疑，然后大事可成"。于是周瑜又夜见孙权，详细分析了曹操的兵力：曹声言"水陆大军百万"，其实"以实较之：彼将中国之兵，不过十五六万，且已久疲；所得袁氏之众，亦止七八万耳，尚多怀疑未服"。然后信心十足地表示："周瑜得五万兵，自足破之。愿主公勿以为虑。"至此，孙权的一切疑虑才得消除，下定了与曹操决战的决心。

有比较才有鉴别。为了正确决策，必须根据客观事物的复杂性和多变性，制定两个或两个以上可供选择的方案，以供对比选择。因为没有选择，就无从优化；没有优化，更谈不上最好的决策。选择时要注意利中取大，弊中取小，兴利除弊、化弊为利，做到真正的最优。

在决策的时候，只有注意比较，才能揭示差别和矛盾，突出双方的优势和劣势，降低各种因素的不确定度，提高预测的精确性。

选优，是决策中的一个重要概念。

决策就是从拟订的诸多方案中选择一个最优方案而进行的分析、判断过程，选优的前提是多方案，选优的过程是利害相较，对不同方案进行评价。

《三国演义》中有这样一段情节：刘备应刘璋之请，进驻葭萌关，抗拒汉中张鲁的入侵，后来因为向刘璋借军马钱粮，受到刁难，于是"毁书发怒，前情尽弃"，两人翻脸。这时，刘备问计庞统："如此，当若何？"庞统回答："某有三条计策，请主公自择而行。"刘备又问："哪三条计？"庞统说："只今便选精兵，昼夜兼道径袭成都，此为上计。杨怀、高沛乃蜀中名将，各仗强兵拒守关隘，今主公佯以回荆州为名，二将闻知，必来相送；就送行处，擒而杀之，夺了关隘，先取涪城然后却向成都，此中计也。退还白帝，连夜回荆州，徐图进取，此为下计。若沉吟不去，将至大困，不可救矣。"刘备评价比较认为："上计太促，下计太缓；中计不迟不疾，可以行之。"于是，依中计而行，便轻而易举地夺了涪水关，然后下雒城，取绵竹，直捣成都。在此，庞统提出的是三个行动计策，加上"沉吟不去"，实际上是可供选择的四个方案，庞统可谓多谋，刘备堪称善断，两者的最佳结合，选定了良好的方案，取得了最好的效果。

赤壁大战前夕，东吴统治集团内部形成和战两派，双方争论不休，在孙权没有明确表态时，鲁肃给他分析："众人皆可降曹操，唯将军不可降曹操。"孙权问："何以言之？"鲁肃回答："如肃等降操，当以肃还乡党，累官故不失州郡也；将军降操，欲安所归乎？位不过封侯，车不过一乘，骑不过一匹，随从不过数人，岂得南面称孤哉！众人之意，各自为己，不可听也。将军宜早定大计！"这一席话，是从孙权的切身利害出发，对投降方案的正确评估，它恰好触及了孙权的痛处，清楚地告诉孙权，抗曹是他应该选择的唯一正确出路。

做人感悟

<u>在决策的时候，必须对方案进行评估和优选，权衡利弊，分析得失，从全局考虑问题，才能做到万无一失，才能立于不败之地。</u>

要有序不要无章

"若网在纲，有条而不紊。"这句话的意思是，做事要像拴在大绳上的网一样，有条理，而不紊乱。这句话告诉人们，做事一定要条理分明，要弄清楚先做什么，后做什么，然后，按照事物成长的固有顺序，依次去做。只有这样工作起来才不紊乱，事情也才能做好，达到预期的目的。如不这样做，东一耙子，西一扫帚，工作起来杂乱无章，就做不好事，有时根本就做不成事。

做事有计划的人才会赢得信任。做事有计划，不仅能帮助我们有条不紊地照料自己的生活，还能帮助我们更好地学习和处理各种事情。那些取得杰出成就的人，常常都是得益于做事有计划。

竺可桢上中学时身体瘦弱，为了强健体魄，他制订了详细的锻炼计划，并手写了"言必信，行必果"的格言，时时提醒自己。此后，他闻鸡起舞，从不间断。自从锻炼身体后再也没有请过一次病假……

福井谦一上学时化学测验总是不及格，曾因此打算放弃学业。在父亲的鼓励下，他制订了学习计划，从头补起，从不及格到及格，成绩扶摇直上。并于1981年，他获得了诺贝尔化学奖。

小到身边的点点滴滴，大到一生的目标追求，计划都是不可缺少的。做事有计划不仅是一种习惯，更反映了一种态度，它是能否把事情做好的重要因素。

培根曾经说过，敏捷而有效率地工作，就要善于安排工作的次序，分配时间和选择要点。只是要注意这种分配不可过于细密琐碎，善于选择要点就意味着节约时间，而不得要领地瞎忙等于乱放空炮。

有一个商人，在小镇上做了十几年的生意，到后来，他竟然失败了。当他的一位债主跑来向他要债的时候，这位可怜的商人还在思考他失败的原因。

商人问债主："我为什么会失败呢？难道是我对顾客不热情、不客气吗？"

债主说："也许事情并没有你想象中那么可怕，你不是还有许多资产吗？你完全可以再从头做起！"

"什么？再从头做起？"商人有些生气地反问道。

"是的，你应该把你目前的经营情况，列在一张资产负债表上，好好清算一下，然后再从头做起。"那位债主好意地劝道。

"你的意思是要我把所有的资产和负债项目详细的核算一下，列出一张表格吗？是要我把地板、橱柜、桌椅、门面、窗户都重新洗刷并油漆一下，重新开张吗？"商人有些纳闷儿了。

"是的，你现在最需要的就是按你的计划去办事。"债主坚定地告诉他道。

"事实上，这些事情我早在15年前就想做了，但是一直没有去做。也许你说得对。"商人喃喃自语道。后来，他确实按债主的主意去做了，终于在他晚年的时候，生意获得了成功！

这个小故事告诉我们，一个做事没有计划、没有条理的人，无论从事哪一行都不可能取得成绩。一个在商界颇有名气的经纪人，曾把"做事没有条理"列为许多公司失败的一个重要原因。

事实上，对于个人来说，做事之前制订一个详细的计划，不仅是一种做事的习惯，更重要的是反映了他做事的态度，是能否取得成就的重要因素。

许多人，在早晨起床后，有找不到袜子、办公资料或者生活用品的现象，这便是做事缺乏计划性和条理性的坏习惯。做事情缺乏条理、没有计划，是一种不良的行为习惯。如若不加以改正，往往容易给我们的一生带来许多麻烦。

做事有序化，可以帮助人们有条不紊地处理事情，而不会显得手忙脚乱。而做事无章的人，将无法很好地料理自己的生活，也无法很好地进行学习和工作。在走向成功的道路上，做事杂乱无章、没有计划的人，将会比其他人走得更累、更辛苦。

在日常生活中，不管做什么，都要争取做得有条有理。

人应该保持适度的有序紧张，这是一种积极的精神状态。这种有序压力可以把人内在的优秀特质引发出来，迫使他们尽可能有效地运用时间。良好的管理意味着在你的工作区间内建立起一种合理的、积极的、有序的紧张关系。

一位企业家曾谈起他遇到的两种人：

有个性急的人，不管你在什么时候遇见他，他都表现出风风火火的样子。如果要同他谈话，他只能拿出几分钟的时间，时间长一点，他就会伸手不停地看表，暗示着他的时间很紧张。他做起事来，也常为杂乱的东西所阻碍。结果，他的事务总是一团糟，他的办公桌简直就是一个垃圾堆。他经常很忙碌，从来没有时间来整理自己的东西，即使有时间，他也不知道怎样去整理和安放。

另外有一个人，与上述那个人恰恰相反。他从来不显出忙碌的样子，做事非常镇静，总是很平静祥和。别人不论有什么难事和他商谈，他总是彬彬有礼。他每天下班前都要整理自己的办公桌，做什么事都是井井有条。

做事没有条理、没有秩序的人，无论做什么都没有功效可言。而有条理、有秩序的人即使才能平庸，他的事业也往往会有相当大的成就。

任何一件事，从计划到实现的阶段，总有一段所谓时机的存在，也就是需要一些时间让它自然成熟的意思。无论计划是如何的正确无误，总要不慌不忙、沉稳地等待机会的到来。

假如过于急躁而不甘等待的话，经常会遭到破坏性的阻碍。因此，无论如何，我们都要有耐心，压抑住那股焦急不安的情绪。

你工作有秩序，处理事务有条理，在办公室里决不会浪费时间，不会扰乱自己的神志，做事效率也极高。从这个角度来看，你的时间也一定很充足，你的事业也必能依照预定的计划去进行。

煎鱼时不时翻动鱼身，会使鱼变得烂碎，看起来就不觉得好吃。相反地，如果尽煎一面，不加翻动，鱼将粘住锅底或者烧焦。最好的办法是在适当的时候，摇动煎锅，或用铲子轻轻翻动，待鱼全部煎熟，再起锅。

不仅是烹调需要秘诀，做一切事都是如此。当准备工作完成后，进行实际工作时，只需做到适度的调整，应该有条不紊、顺其自然地进行下去。

人的能力有限，无法超越某些限度，如果能对准备工作尽量做到仔细研究、慎重实施的地步，至少可以将能力做更大的发挥。

办公室条理化的安排确实会影响到时间的利用。值得我们细加分析。因此，试着安排一些独处时间（但是不能做得太过分，以免别人有重要事情时也无法接近你），并调整一下你周围的摆设，这样你就能在最少的干扰或疲劳下从事你手上的事情了。

今天的世界是思想家、策划家的世界。唯有那些做事有秩序、有条理的人，才会成功。而那种头脑昏乱，做事没有秩序、没有条理的人，成功永远都和他擦肩而过。

因此，在日常生活中，我们做事一定更要讲究有条理、有计划。比如，把家里整理得井井有条，东西不乱放，看完的书要放回原处，衣柜里的衣服要分类摆放等。虽然说，这些都是细小的行为，但却可以影响家庭成员养成做事有序的好习惯。当然，若想养成做事有序的好习惯，也不是一朝一夕的事，需要耐心和恒心，还要善于抓住契机进行适时的调节。

无计划行事的人，往往会一事无成，他们行事毫无章法可言，就像没头苍蝇一样乱撞。即使偶尔成功了，也要比其他人多走很多弯路，到最后吃亏的还是自己。

其实做人和做事一样，都要有序化，只有合理的安排自己将要做的事情，才会收到事半功倍的效果。而杂乱无章的行事风格，定会招致失败。即便偶尔能够成事，那也将会维持不久，草草了事。

做事有序的习惯，从长远来看，是要对人生有所规划。从细节方面来说，则是在日常生活中有规律、时间安排有计划。而在自我意识层面上，则是要自我管理有条理。因此说，可以通过以下几步，有序合理的分配自己的行为：第一，发现或确定人生的主要目标；第二，着手准备实现自己的目标；第三，制定个人职业发展的短期目标，规划个人发展的一些细节；第四，策划如何实现短期目标；第五，将计划付诸行动；第六，适时的修改和更新职业发展的目标。只有这样才能更好地赢得成功。

做人感悟

进行合理地安排时间，就等于节约时间。而善于利用时间的人，永远会有充裕的时间。虽说时间是最不值钱的东西，但它却是最宝贵的东西，因为有了时间，我们就有了一切。为此，我们要合理地规划好自己的人生，避免浪费自己的大好年华，用合理有序的步骤去谱写人生壮丽的篇章。

大富来自于坚守小利

生活中，很多人都追求暴富，渴望一鸣天下。为此，对于不能暴富、不足以惊人的事，他们不做，而在选择经营项目时，总是绞尽脑汁，结果往往做不成生意。他们常常感叹世上没有像样的生意可做。事实上，日积月累，乃万物之道。美国本土1000个百万富翁中，依靠继承、中彩等暴富起来的只有4位，其余的都是通过定期向银行存入现金并稳妥投资积累而成的。

19世纪中期，美国加州传来发现金矿的消息，许多人认为这是一个千载难逢的机会，于是纷纷前往。年轻的亚默尔也加入了这支庞大的淘金队伍。

淘金梦是美丽的，但做这种梦的人太多了，而金子是有限的，自然也就越来越难淘，淘金者的生活也越来越艰苦。当地气候干燥，水源奇缺，亚默尔经过一段时间的努力，和大多数人一样，没有发现黄金，反而被饥渴折磨得半死。

一天，亚默尔望着水袋中一点点舍不得喝的水，听着周围人对缺水的抱怨，不由突发奇想：淘金的希望太渺茫了，不如去卖水吧。

于是，亚默尔毅然放弃对金矿的执著，将手中挖金矿的工具变成挖水渠的工具，从远方将河水引入水池，用细沙过滤，制成清凉可口的饮用水。然后把水装进桶里，挑到山谷一壶一壶地卖给找金矿的人。

当时有人曾嘲笑亚默尔，说他胸无大志："千辛万苦到加州来，不挖金子发大财，却干起这种蝇头小利的小买卖？"

亚默尔毫不在意，继续卖他的水。结果，淘金者大都空手而归，有的甚至倾家荡产,亚默尔却靠卖水赚到不小的财富,从而拥有了创业的第一桶金。

此时,那些曾嘲笑亚默尔的淘金者无不感叹:掘金不如卖水。"卖水人"一词就是这样来的,它指那能坚守小利,稳步积累每一分财富而逐渐富裕的人。

美国的爱德华也是一个"卖水人"。

爱德华开过造纸厂。在大家都认为纸张不再赚钱时,他开始做起了一厘钱的生意。一张四开的纸张,他只赚一厘钱。别人都笑话他,问他成本怎么计算,工人的工资从哪里来？确实,如果只是一厘钱的利润,这些都无从说起。

然而爱德华就这么做下去了,一张纸,赚一厘钱,十张纸赚一分钱,一百张纸赚一毛钱。大家笑他这不是做买卖,而是办福利事业。不错,他生产十吨纸,才能有一点点利润,太不划算了。

可是大家都想错了,爱德华是地地道道的生意人,他就凭着这一手挤垮了其他造纸厂。如果全美的企业与商店都来卖他的纸,他怎么会不赚钱？爱德华就是这么做的。等大家都惊讶他一厘钱生意时,事情已经太晚了,他们已经统统被爱德华"掐死"了。

坚守小利,其实就是一种细水长流的道理。世界上的企业家们并非不懂,只是人们不敢去做,因为风险过大,搞不好做的都是绝事,走的都是死路！

据世界心理协会测试,敢于从小事做起的人,往往才是胆子更大的。因为从小事做起,更需要扎扎实实、勤勤恳恳、点点滴滴的精神,没有一点滑头可耍,没有一点余地可缓冲,所以,也只有最不怕曲折、最能忍耐、最能抵抗打击能力的人,才能由做小事起家。

做人感悟

<u>尽管做好小事不易,但历史上不少大人物,当初就是坚守小利,从小事做起的。当今社会,敢于坚守小利,从点滴做起的人,并不是很多,但如果你凡事不怕小、敢于卧薪尝胆、最愿意以功夫而论,那你这个坚守小利、做小事的人,是会有一番作为的。</u>

像蜜蜂一样工作

在20世纪，美国有一个以建立迪斯尼乐园著称的画家，他就是华德·迪斯尼。

最令人称道的是，迪斯尼先生并没有一辈子都在画画。而且他很早就没有画画了，对于这件事，我们可以通过下面他与一个小朋友的对话略知一二。

一天，有个小朋友在迪斯尼乐园遇到迪斯尼先生，便问："迪斯尼先生，这些卡通都是您画的吗？"

"小朋友，我已经很久没有亲自画卡通了。"迪斯尼先生回答。

"那么，迪斯尼乐园中的这些游乐设施，是您设计的吗？"小朋友又问。

"不，这些游乐设施都是公司里的同仁设计的。"迪斯尼先生微笑着回答。

"迪斯尼先生，您既不画卡通，也不设计游乐设施，那您在干什么呀？"小朋友吃惊地问。

"我在从事扮演蜜蜂的角色，专门进行传花授粉的工作。"迪斯尼先生幽默地答道。

确实，在画卡通出名以后，他就放下画笔，四处网罗优秀人才，到迪斯尼乐园来工作。

蜜蜂之所以能酿出那么香甜的蜜来，就是在蜜蜂这个集体中有很好的分工。

大家知道，采花酿蜜是工蜂的事，然而并非所有的工蜂都从事采花工作，据估计，蜂群中大约有15%的蜜蜂分工出来进行探寻鲜花的工作。

做人感悟

做正确的事比正确地做事更重要。很多人习惯于正确地做事而成绩较小，不少人因做正确的事而成绩斐然。迪斯尼懂得，人应当随着自己的发展，而进行自我转型和角色定位，从而使自己取得更大的成就。

第六篇

命运掌握在自己的手里

机遇对每一个人都是公平的

1865年,美国南北战争宣告结束。北方工业资产阶级战胜了南方种植园主,但林肯总统被刺身亡。

全美国沉浸在欢乐与悲痛之中,既为统一美国的胜利而欢欣鼓舞,又因失去了一位可敬的总统而无限悲痛。

后来成为美国钢铁巨头的安德鲁·卡内基却看到了另一面。他预料到,战争结束之后,经济复苏必然降临,经济建设对于钢铁的需求量便会与日俱增。

于是,他义无反顾地辞去铁路部门报酬优厚的工作,合并由他主持的两大钢铁公司——都市钢铁公司和独眼巨人钢铁公司,创立了联合制铁公司。

同时,卡内基让弟弟汤姆创立匹兹堡火车头制造公司和经营苏必略铁矿。

上天赋予了卡内基绝好的机会。美国击败了墨西哥,夺取了加利福尼亚州,决定在那里建造一条铁路,同时,美国规划修建横贯大陆的铁路。几乎没有什么比投资铁路更加赚钱了。

联邦政府与议会首先核准联合太平洋铁路,再以它所建造的铁路为中心线,核准另外3条横贯大陆的铁路线。

但一切远非如此简单,纵横交错的各种相连的铁路建设申请纷纷提出,竟达数十条之多,美洲大陆的铁路革命时代即将来临。

"美洲大陆现在是铁路时代、钢铁时代,需要建造铁路、火车头和钢轨,钢铁是一本万利的。"卡内基这么思索。

不久,卡内基向钢铁发起了进攻。

在联合制铁厂里,矗立起一座22.5米高的熔矿炉,这是当时世界最大的熔矿炉,对它的建造,投资者都感到提心吊胆,生怕将本赔进去后根本不能获利。

但卡内基的努力让这些担心成为杞人忧天,他聘请化学专家驻厂,检验买进的矿石、灰石和焦炭的品质,使产品、零件及原材料的检测系统化。

在当时，从原料的购入到产品的卖出，往往显得很混乱，直到结账时才知道盈亏状况，完全不存在什么科学的经营方式。卡内基在经营方式上大力整顿，贯彻了各层次职责分明的高效率的概念，使生产力水平大为提高了。

同时，卡内基买下了英国道兹工程师"兄弟钢铁制造"专利，又买下了"焦碳洗涤还原法"的专利。

他这一做法不乏先见之明，否则，卡内基的钢铁事业就会在不久的大萧条中成为牺牲品。

1873年，经济大萧条的境况不期而至，银行倒闭、证券交易所关门，各地的铁路工程支付款突然被中断，现场施工戛然而止，铁矿山及煤山相继歇业，匹兹堡的炉火也熄灭了。

卡内基断言："只有在经济萧条的年代，才能以便宜的价格买到钢铁厂的建材，工资也相应便宜。其他钢铁公司相继倒闭，向钢铁挑战的东部企业家也已鸣金收兵。这正是千载难逢的好机会，绝不可以失之交臂。"

在最困难的情况下，卡内基却反常人之道，打算建造一座钢铁制造厂。

他走进股东摩根的办公室，说出了自己的新打算："我计划进行一个百万元规模的投资，建贝亚默式5吨转炉两座，旋转炉一座，再加上亚门斯式5吨熔炉两座。"

"那么，工厂的生产能力会怎样呢？"摩根问道。

"1875年1月开始工作，钢轨年产量将达到3万吨，每吨制造成本大约69美元。"

"现在钢轨的平均成本大约是110万美元，新设备投资额是100万美元，第一年的收益就相当于成本。"

"比股票投资还赢利。"卡内基补充了一句。

股东们同意发行公司债券。

工程进度比预定的时间稍为落后。1875年8月6日，卡内基收到第一个订单——2000支钢轨。熔炉点燃了。

每吨钢轨的生产总成本不过才56.6美元。这比原先的预计便宜多了。卡内基兴奋不已。

1881年，卡内基与焦炭大王费里克达成协议，双方投资组建佛里克焦炭公司，各持一半股份。同年，卡内基以他自己的3家制铁企业为主体，联合许多小焦炭公司，成立了卡内基公司。

卡内基兄弟的钢铁产量居全美的1/7，正逐步向垄断型企业迈进。

1890年，卡内基兄弟吞并了狄克仙钢铁公司之后，一举将资金增到2500万美元，公司名称也变为卡内基钢铁公司。不久之后，又更名为US钢铁企业集团。

卡内基的成功与他善于抓住有利时机休戚相关。

在商业活动中，如果你能够做到"超前决策"，能在时机来临之前就识别它，在它溜走之前就采取行动，那么，就能够抢得先机，赢得幸运之神的青睐。

虽然时机是一种不以人们意志为转移的客观因素，有一定的神秘性，但是也不是无法捉摸和预料的。聪明的人总是一方面从事手头的工作，一方面注意捕捉着取得突破或成功的时机。当时机没有成熟的时候，便积蓄力量或者寻找出路；一旦时机成熟，就顺应形势或潮流，促成自己的事业达到高潮。

常常听到有些人抱怨命运女神忽略了他，总以为自己碰不上好机遇，总以为能够利用的机遇太少，因而把工作和生活上的一切不顺心的事，都归结到机遇很少光临自己。其实，机遇对每一个人都是公平的，不存在厚此薄彼的问题。这就像阳光雨露会播撒到大地上的每一块地方一样，关键是一个人面对机遇究竟能不能真正把握住。

在能够把握机遇并且充分地利用机遇的人那里，机会时刻都存在着，对机遇就像有经验的船夫利用风一样，两者之间似乎有一种默契；而在对机遇毫无知觉、也不会很好地利用的人那里，即使机遇来到眼前，他也不能及时地抓住，而是常常让机会白白地失去。

做人感悟

伟大的成功和业绩，永远属于那些富有奋斗精神的人们，而不是那些一味等待机会的人们。应该牢记，良好的机会完全在于自己的创造。

如果以为个人发展的机会在别的地方，在别人身上，那么一定会遭到失败。奥里森·马登说："机会其实包含在每个人的人格之中，正如未来的橡树包含在橡树的果实里一样。"

要独立不要依赖

相信很多人都知道独立是什么意思，是不依赖他人，依靠自己的力量去做某事。但是，在现实生活中，还有一部分人，他们离开了他人的帮助，做事时就不知道从何下手，毫无主见。他们将会一事无成，浑浑噩噩地过完一辈子。

杰奎琳的第一个丈夫是美国总统肯尼迪，第二任丈夫是世界船王奥纳西斯。尽管她名扬天下，腰缠万贯，但她却不能容忍儿子约翰日后成为一个花花公子。为此，当约翰11岁时，她就把儿子送到了英国的德雷克岛"勇敢者营地"去受训，学习驾驶帆船、独木舟、爬山，锻炼他刚毅果断的独立人格。13岁时，她又送他到缅因州的一个孤岛上去学习独立生活的技能，20天的训练中，不给食物只给一加仑水、两盒火柴和一本在野外如何求生的书。当约翰15岁时，杰奎琳再送儿子到肯尼亚的荒野里自求生存。当约翰中学放暑假时，她又把儿子送去参加"国家户外学校"的70天训练，同时，为了更进一步强化约翰的独当一面的才能，她又送儿子参加维和部队，赴危地马拉从事地震救灾工作。

约翰自幼羞怯、自卑、优柔寡断、对父母的依附性强，而他正是在母亲杰奎琳的锤炼独立人格的家教下，才成为一个自信潇洒、求索向上、理智节制、圆通练达的青年。约翰于1983年毕业于布朗大学，先在印度工作一段时间，后回纽约担任42街发展协会副主任，从1996年初始，他又成为美国一家杂志社的董事长。

由此不难看出，独立的人格魅力对于一个人的成功起着决定性的作用。不过也曾有人对此提出过质疑，他们在想：人是独立的吗？人是否有一种本质，是他在任何时代都需要寻求和保持的？或者是每个时代都会赋予个人以不同的本质，人也相应地有不同的体验和要求？人的思想能否独立于他所处的时代，寻找一种人之为人的知识？或者人只是时代毛皮中的虱子，让毛皮的异味充斥自己的头脑呢？

其实，每个人都是独一无二的，这是个人重要性的根本所在。每个人的存在，都是他人所无法替代的，每个人都应认清这一本质。从古希腊到印度再到中国，从斯宾诺莎到笛卡儿再到康德，他们都在思考同一个问题，人是否有一个超越时代、超出历史的本质？而这一本质是每一个人成为自足之人的条件，是使每个人真正幸福的生活，但这似乎是难以想象的。

人是因为他生活在社会中生老病死而成为人，还是人在寻找到本质之后才成为人？更或者是人只有在获得他的本质之后，才获得他的独立性？这也就是说，人之所以有能力获得独立，就在于他是否曾努力追求过，是否能够看清真相，以致不必在懵懂于社会沉浮与时代的变迁之中。巧合的是斯宾诺莎、笛卡儿、康德都是单身贵族，当然还有叔本华、克尔凯郭尔、维特根斯坦，他们的独身主义是否跟他们追求的独立有关呢？而如果这种人的独立，只有在独身的条件下才能获得，那么这种对人的本质的寻求，不就成了个别人的游戏吗？事实恐怕就是这样，这也就是利用哲学终结的原因。

人并不能真正地做到独立于时代，而时代生活与人的本质之间，则没有丝毫的必然联系。没有人心甘情愿地做出牺牲，也不会有人愿意靠施舍凄凉度日。再加上人的生命是有限的，人类一代一代地走过，一切都需要从咿呀学语开始。生活充满了压力，也充满了诱惑，即便他潜心向学，也很难学会独立，因为独立是在实践中获得的。

一般而言，初入职场的新人，都是要从给人做下属开始自己的职业生涯，如果这一步走好的话，可以为你以后的晋升和高就创造条件。单位里有那么多的琐事，上司不可能事事过问。他只是在宏观上把握全局，而具体的工作一般都由下属分工负责。这就需要新职员具备在职责范围内，独立工作的能力，关键时刻能够独当一面。

赵丽在一家文化公司担任行政助理，是经理的下属。经理每天要处理很多的事务，每天给赵丽分配下来的任务也很多，她在经理分配工作的时候，总是拿着笔记本把经理安排的工作一件件地记清楚，遇到工作不明白的地方就立刻询问。她总是很有条理地完成经理安排给她的任务。

有一次经理很着急，让赵丽马上给一家与他们长期合作的公司老总发份传真，大致意思是对方很不守信用，以后要与他们断绝往来。赵丽明白，两家公司虽然互相有不满的地方，但合作还算顺利，还没有到老死不相往来撕破脸的地步。当看到怒发冲冠的经理时，她认为现在劝也没有用，也没有立刻发传真，而是在快下班的时候问经理，那份传真还需不需要发，经理却对她说："谢谢你，小赵。"

赵丽的办事能力很快得到经理的认可，不久就晋升为部门经理了。赵丽就是因为能在充分理解上司意图的基础上，按照上司的意图办事而升职的。因此来说，若想提高自己独立做事的能力，就要多动脑子，多从实践中寻求经验，那样才可能快速地成长起来，独立起来。

做人和做生意是一样的，都要讲究方法。当你下定决心做某事时，也有某些贵人会在你的成长生涯中帮上忙，但这也仅仅是众多过程中的一部分，最终的结果还是要靠自己完成的，正如下面的这个故事所讲的道理一样：

某人在屋檐下躲雨，看见观音正撑伞走过。这人便说："观音菩萨，普度一下众生吧，带我一段如何？"

观音说："我在雨里，你在檐下，而檐下无雨，你不需要我度。"这人听完后，立刻跳出檐下，站在雨中道："现在我也在雨中了，该度我了吧？"观音说："你在雨中，我也在雨中，我不被淋，因为有伞；你被雨淋，因为无伞。所以不是我度自己，而是伞度我。你要想度，不必找我，请自找伞去！"说完便走了。

第二天，这人又遇到了难事，便去寺庙里求观音。刚走进庙里，他就发现观音的像前也有一个人在拜，而且那个人长得和观音一模一样，丝毫不差。

这人便问："你是观音吗？"

那人答道："我正是观音。"

这人又问："你既是观音，为何还要拜自己呢？"

观音笑道："我也遇到了难事，不过我知道，求人不如求己。"

在生活中，避免失望最好的方法就是不要抱有希望。这样的话有取巧之嫌，没有希望当然不会失望。就如没有得到过，便不会失去一般。可是，细细品来，还真有玄机藏在里面。

人总是容易养成依赖别人的习惯，大概是因为有人可以依赖，自身就会感觉很轻松。所以在事情发生前，如果想到有谁可能会帮着解决，就永远不会着急。究其根源，应该是一种懒惰心理，希望所有的事情都有人代劳。

这样的习惯一旦养成，对突然遭遇的失望就会很愤怒。并不会想到，别人肯帮你那是对你的关心爱护，不肯帮你也是别人的权力，渴望帮助的人，并没有什么权力去责怪不肯让你依赖的人。

所以说人要自食其力，凡事先看看自己能不能做。不能做不如不做，也不要去要求别人来帮助你做。即使有个人在你没有提出要求的情况下，体贴细心地帮你做了，也不要以为那就成了别人的责任了。要尽快道谢，还可寻找机会也为别人做一次没有要求的帮助。

做人感悟

学会独立处事，永远不要依赖别人，对于别人寄予的希望越少，以后的失望就会越少，尴尬也会越少，另外还有可能会收获一些惊喜。

习惯是一点一点积累的

行为科学研究表明，一个人一天的行为中大约只有5%是属于非习惯性的，而剩下的95%的行为都是习惯性的。即便是创新，最终也可以演变成习惯性的创新。

由此可见习惯的力量。

有一天苏格拉底在课堂上对学生们说："今天咱们只学一件最简单也是最容易做的事。每人把胳膊尽量往前甩，然后再尽量往后甩。"

他边说边示范了一遍，"从今天开始，每天做300下，大家能做到吗？"

学生们都笑了。这么简单的事，难道还做不到吗？一个月过去了，苏格拉底问学生们："每天甩手300下，哪些同学做到了？"有90%的同学骄傲地举起了手。又一个月过去了，苏格拉底同样问这个问题，这一次，举手的学生只有八成。

一年过后，苏格拉底再一次问大家："每天甩手300下，还有哪几位同学坚持着？"这时，整个教室里只有一人举起了手。这个人后来成为古希腊的另一位大哲学家。

即使是再容易的事，要养成习惯坚持到底就变得困难了，但还是有少数人能做到，这些人就是成功者。

曾经有一个著名的青蛙试验，当试验人员把一只青蛙放到热水中时，它会立即跳出来。但是，如果把青蛙放入冷水中，慢慢把水加热，那么，这只青蛙便怡然自得地待在水中而浑然不觉。等到水温足以威胁到它的生命，想要跳出来逃命时，它却没有力气了，只能被烫死在热水里。

其实，人在某种程度上也极像青蛙。每个人身上都会有这样那样的坏习惯，它们并不是突然形成的，而是一点一点累积而成的。最初的时候，可能意识不到坏习惯的危害，但是当坏习惯已经产生了明显恶果的时候，已经来不及后悔了。

一根小小的柱子，一截细细的链子，能拴住一头千斤重的大象，这不荒谬吗？可这荒谬的场景在印度和泰国随处可见。那些驯象人，在大象的幼年阶段就用一条铁链将它绑在水泥柱或钢柱上，无论幼象怎么挣扎都无法挣脱。幼象渐渐地习惯了不挣扎，直到幼象长成了大象，可以轻而易举地挣脱链子时依然不挣扎。幼象是被链子绑住，而大象则是被习惯绑住。

对于由于外在强力而养成的不良习惯或自己小时候就不知不觉养成的坏习惯，如果自己不能有意识的改变或甚至都没有认识到，那这种坏习惯将可能伴随你的一生。

一切的想法，一切的做法，最终都必须归结为一种习惯，这样，才会对人的成功产生持续的力量。让我们一起来做一个游戏。

将手掌张开，十指交叉合起来。重复一次，再重复一次，再重复一次。打住，看一看是你的左手大拇指在上，还是右手大拇指在上？即使再重复几次，会不会是同样的结果？肯定是，这表明了什么？

实验结论一：人的行为是按习惯行事的。

继续游戏，现在请刻意反过来交叉，即刚才左手拇指在上的改成右手在上。反之亦然。有什么感觉，是不是觉得不舒服？这又表明了什么？

实验结论二：改变习惯是一个使人很不舒服的过程。

再继续游戏，请按照刻意反过来的交叉动作，稍稍用力重复一次，再重复一次……重复21次以上。请问现在是什么感觉？是不是习惯了一点？

实验结论三：习惯是可以改变的，只要不断重复。

习惯有好坏之分，好习惯将使你终身受益，而坏习惯则贻害无穷。在西方国家有一条流行的谚语说："播下行为的种子，便收获习惯；播下习惯的种子，便收获人格；播下人格的种子，便收获命运。"由此可见，说"习惯改变命运"并不是耸人听闻。所以我们要重视习惯的力量，培养好习惯，改掉坏习惯，做习惯的主人。

几年前，年轻人认识了一位有冲劲又聪明的同龄朋友，认为他具有一切足以取得成功的必要条件。他们一起度过了不少欢乐时光。

但他们在一起没多长时间，年轻人就发现这位朋友有一个不好的习惯——大量饮酒。有一天，他来找年轻人聊天，谈到他心脏有毛病，由于知道年轻人曾有心脏病痊愈的经历，因此想和年轻人讨论他的健康问题。

得知这位朋友的心率跳动情况不正常后，年轻人猜测，那病很可能是由于酒精中毒引起的，并将自己的看法告诉了他。这位朋友说："我的医生也告诉我这一点了，但我想他错了。""你从哪儿得到的医学知识让你可以和医生争辩！"年轻人问。"噢，我相信他开给我的药会让我好起来。走，咱们喝一杯去！"这位朋友建议道。"我想，你正向灾难走去！不用多久——说不定很快——如果你不改掉你的生活习惯的话，你就真的会有大麻烦了。"年轻人很不高兴地说。"你和医生一样讨厌！"这位朋友说着，很生气地离开了年轻人的家。

两个月后，年轻人参加了这位朋友的葬礼。

改掉不良的生活习惯，才能拥有一个健康的体魄。你只有一个身体，要让它处于最佳状态，你才能用最好的智慧及体能去追逐你的梦想。

没有谁比你更了解自己了，仔细想一想，自己有哪些坏习惯呢？比如：

经常睡懒觉，与人谈话时有过多的口头禅，经常将钥匙忘在家里，总爱将工作拖到明天去做……有时候，看似一些细小的坏习惯，往往会误了你的大事，阻碍你的发展。现在，我们有必要开始对自身进行全面的认识，罗列出自身的坏习惯，然后一个个地去改正。

曾经有一位得道的高僧，希望弟子能改掉一些不良习惯，于是他带领弟子们来到树林里。他们来到一处地方，这里长着高矮不同的四株植物，第一株植物是一棵刚刚冒出土的幼苗；第二株植物已经算得上挺拔的小树苗了，它的根牢牢地扎在肥沃的土壤中；第三株植物已然枝叶茂盛，差不多与年轻弟子一样高大了；第四株植物是一棵巨大的橡树，年轻弟子几乎看不到它的树冠。

他叫出其中的一位弟子，让他把第一株最矮的植物拔出来，这位弟子用手指一捏，轻松地拔出了幼苗。于是他又让弟子拔出第二株植物，弟子稍加用力，便将树苗连根拔起。于是，他让弟子把第三株植物拔出来，弟子看了看，先用一只手进行了尝试，然后改用双手，经过一番努力，终于把它拔了出来。高僧接着说："那么，现在把第四株植物拔出来吧！"弟子抬起头来看了看眼前巨大的橡树，想了想自己刚才拔那棵小得多的树木时已然筋疲力尽，所以他诚实地告诉师傅，自己无能为力。

这时候，师傅转过头来对所有的弟子说："习惯就和这些植物一样，根基越深厚，就越难以根除。坏习惯如此，好习惯也是一样。"

当我们身上有种种看似顽固不化的习惯时，不必自暴自弃，只要下定决心就一定能改正，改掉了坏习惯，我们将更受欢迎。

做人感悟

命好不如习惯好，习惯决定人生。

追求的背后都藏有副产品

苏东坡一开始渴求在政治上争取功名，可是大宋朝却让他在官场上栽

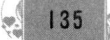

了个大跟头。就在他如此卑屈、许多朋友都不敢见他的时候，他的朋友马梦得，不怕政治上受牵连，帮苏轼夫妇申请了一块荒芜的土地，使苏轼能够在那里种田写诗。苏轼始号为东坡。从此，他的生命开始有了另外一种包容，有了另外一种力量，让他在落难的时候在岸边写出了"大江东去，浪淘尽"这样完美的诗句。他过去追求在政治上出人头地，以名垂青史，可不断地被下放，反而让他在中国文学史上有所作为。

歌德本来是追求一位姑娘的，一年后，人没追到，却拥有另外一部令拿破仑读过七遍的创作——《少年维特之烦恼》。

伦琴在实验室里蹲了6年，本来是想找晶体光谱的，结果光谱没找到，却意外地发现了X射线。事实上，除了那束X射线，英国政府给他12万英镑，瑞典诺贝尔奖委员会奖励他53万美元，他那张印着左手的感光纸，更是副产品中的大头，1932年被美国的一位收藏家以120万美元的价格买下。

总之，造物主从不让伟大的追求者空手而归，即使他最后没有得到梦寐以求的东西，它也要给你点"副产品"，作为对你的奖赏。世间的任何事物，只要人们执著地追求，就可能发现目标背后都隐藏着副产品。

做人感悟

千万别小看副产品的价值，有时它甚至远远超过梦想的主产品的价值。如果你现在是一位正在为梦想奋斗着的人，就算是遇到了挫折和打击，也千万不要停下你的脚步，因为，意外的惊喜，也许在不远的明天就会出现。

像夕阳一样，在黄昏时也要无限美好

被誉为"音乐之父"的世界著名音乐家海顿，在成名前曾经担任过俄国彼德耶夫公爵家的私人乐队队长。

突然有一天，公爵决定解散这支乐队，这就意味着，包括海顿在内的所有乐队队员将要失去饭碗。乐手们听到这个消息时，一时全都心慌意乱，不知道如何是好。他们都知道公爵的脾气，向来对决定过的事情是很难更改的。

看着这些多年与自己一起同甘共苦的亲密战友，海顿心中也挺不是滋味儿，他想来想去忽然有了一个主意。

海顿立即谱写了一首《告别曲》，说是要为公爵做最后一场独特的告别演出，公爵同意了。

这天晚上，因为是最后一次为公爵演奏，乐手们万念俱灰，根本打不起精神，但看在与公爵一家相处这些日子的情分上，大家还是尽心尽力地演奏起来。

这首乐曲的旋律一开始极其欢悦优美，把与公爵之间的美好情谊表达得淋漓尽致，公爵深受感动。渐渐地，乐曲由明快转为委婉，又渐渐转为低沉，最后，悲伤的情调在大厅里弥漫开来。

这时，只见一位乐手停了下来，吹灭了乐谱上的蜡烛，向公爵深深地鞠了一躬，然后悄悄地离开了。过了一会儿，又有一名乐手以同样的方式离开了。就这样，乐手们一个接一个地离去，到了最后，空荡荡的大厅里，只留下了海顿一个人。只见海顿深深地向公爵鞠了一躬，吹熄了指挥架上的蜡烛，偌大的大厅立即暗下了下来。

正当海顿也像其他乐手一样，要独自默默地离开时，公爵的情绪已经达到了顶点，他再也忍不住了，大声地叫了起来："海顿，这是怎么一回事？"海顿真诚地回答说："公爵大人，这是我们全体乐队在向您做最后的告别呀！"这时公爵突然省悟过来，他流出了眼泪："啊！不！请让我再考虑一下。"

就这样，用一首《告别曲》的演出，成功地使公爵将乐队全体队员留了下来。

生活中，有不少人会这样做：你对我不好，我也不会对你好。比如，有的人在被抛弃、被辞退时，往往会愤愤离去，甚至采取报复行为；还有这样一种情况，有的人在抛弃对方或者准备跳槽时，也不愿意给对方留下一个好的印象，结果出现了一个糟糕的结局。相反，海顿深知，即便是最后的时光，也要无限美好地离去，为的是给双方留下一些更美好的或是更值得他日回忆的东西。结果，他们的真情告别扭转了局面。

有这样一个寓言，一个木匠老板，招了一个徒弟。这徒弟在木匠老板这里干了快一辈子，其技术可以说是巧夺天工、炉火纯青，突然有一天，他说起自己要回家，不能在此做了。

木匠老板舍不得他走，问他是否能帮忙再建一座房子，徒弟说可以。在建造房子的过程中，这位徒弟想，自己实实在在、辛辛苦苦为老板服务了这么多年，从来敢怠慢过，现在反正是最后一次了，也没有什么利可图，只要能交差就行了。于是，他在建造房子时，总是在盘算着如何与老伴安度晚年。总之，他的心已不在工作上，他在选料上已不再精挑细选，在做工上粗枝大叶，已不再讲究。老板没指责他，只是说："你跟了我这多年，也不容易呀，你走时，我送样东西给你。"徒弟只是说了声"谢谢"，并没怎么往心里想。很快，房子盖好了。

"这是你的房子，"木匠老板说，"我送给你的礼物。"

这位老木匠惊得目瞪口呆，羞愧得无地自容。自己以前为他人盖的都是好房子，现在却为自己建了一幢粗制滥造的房子！

做人感悟

现实中的很多人就像那位老木匠那样，在最后的时光，对工作常常是漫不经心、敷衍塞责，等他惊觉自己的处境是由自己造成的时候，早已深困在自己建造的"房子"里了。

做个惜时如金的人

金融大王摩根，就是一个珍惜时间的典型人物，他每天上午9点30分准时进入办公室，下午5点回家。曾有人对摩根的资本进行了计算后说，他每分钟的收入是20美元，但摩根认为应该还不止这些。在他的工作时间内，除了与生意上有特别关系的人商谈外，他与人谈话绝不超过5分钟。通常，摩根总是在一间偌大的办公室里，与许多员工一起工作，他会随时指挥他手下的员工，按照他的计划去行事。所以在他那间大办公室里，你是很容易见到他的，但如果你没有特别重要的事情，他也是绝对不会欢迎你的。

另外，对于每个来访者的目的，摩根能够迅速准确地做出判断。他的这种卓越的判断力，使他节省了许多宝贵的时间。对于那些本来就没有什么重要事情，只是想找个人聊天来填充无聊时光的这一类人，摩根简直是恨之入骨。

作为商人，摩根最宝贵的本领之一，就是与任何人交往，他都能简捷迅速而卓有成效。这也不是一般成功者都具有的通行证。在美国现代企业界里，唯有金融大王摩根与人接洽生意能以最少时间产生最大的效率，甚至为了珍惜时间，他招致了许多怨恨。但其实人人都应该把摩根作为珍惜时间的典范，因为人人都应具有这种美德。

我国古代就有珍惜时间的良好传统。在班固的《汉书·食货志》上有这样的一段文字："冬，民既入，妇人同巷，相从夜绩，女工一月得四十五日。必相从者，所以省费燎火，同巧拙而合习俗也。"一月怎么会有四十五天呢？古人把每个夜晚的时间算作半日，一月之中，又得夜半为十五日，共四十五日。从这个意义上说，夜晚的时间等于生命的三分之一。

生活中，很多的人总是声称自己"没有时间"，其实真实的情况是这样的吗？这个世界上没有人真的没有时间。每个人都有足够的时间做必须做的事情，至少是最重要的事情。很多人看起来已经很是忙碌了，但他们却还能够做更多的事情，他们不是有更多的时间，而是更善于利用时间罢了。

你可能没有比尔·盖茨那般富有，但有一样东西你和他拥有的一样多，那就是时间。时间对于每一个人来说，都是绝对公平的，不论是富人或穷人，男人或女人，摆在你面前的时间，每天都是24小时。

时间对于任何人、任何事都是毫不留情的，甚至是专制的。当然，时间对每个人又都是公平的，你可以有效地利用自己的时间，也可以在呆呆的目光中让时间白白地流失掉。人生没有回头路可走，我们无法回过头去找到我们曾经无意之中浪费掉的、哪怕是一分钟的光阴。

浪费掉的时间永远失去了，我们永远无法追回，但是，如果学会科学地把握时间、追求效率，在适当的时间内做完应该做的事情，计划中的事情做得越多，效率也就越高，也就更能够掌握时间。

凡是在事业上有所成就的人，都是惜时如金的人。无论是老板还是打工族，一个做事有计划的人，总是能判断自己行动的价值，如果是面对很多不必要的废话，他们都会想出一个尽快结束这种谈话的方法。他们也绝对不会在别人的工作时间里，去和对方海阔天空地谈些与工作无关的话，因为这样做，实际上是在妨碍别人的工作，浪费别人的生命。

有一次，一个分别很久的朋友前来拜访老罗斯福总统，双方热情地握手寒暄之后，老罗斯福总统便很遗憾地说，他还有许多别的客人要见。这样一来，这位客人也就很简洁地道明来意。然后告辞而去。老罗斯福总统这样的做法即能善待来客，又节省了许多宝贵的时间。

一位办事干练的经理人也深谙此法之精妙，他每次与客户把事情谈妥后，便很有礼貌地站起来，与之握手道歉，遗憾地说，自己不能有更多的时间再多谈一会儿。而那些客人面对他的诚恳态度，也都很理解他，就更不会计较他不肯赏脸再多谈一会儿了。

这些办事迅速、敏捷的成功者都说话准确、到位，都有一定的明确的目的，他们从来不愿意多耗费一点一滴的时间。

处在知识日新月异的信息时代，人们常因繁重的工作而紧张忙碌。无论是在工作还是学习方面，若能以最短的时间做更多的事，那么剩下的时间就可以挪为他用了。

你也许会对社会上那些著名的企业家、政治家感到怀疑，他们每天有那么多事情要处理，却还能将自己的时间安排得有条不紊。不但能阅读自己喜欢的书籍，以休闲娱乐来调剂身心，并且还有时间带着全家出国旅行，难道他们一天不是24小时吗？正确答案是，他们比别人更善于利用时间，并将它有效运用。

爱因斯坦曾组织过享有盛名的"奥林比亚科学院"，每晚到会，他总是愿意同与会者手捧茶杯，开怀畅饮，边喝茶，边谈话。爱因斯坦就是利用这种闲暇时间，交流自己的思想，把这些看似平常的时间利用起来。后来他的某些理想、主张、科学创见，在很大程度上产生在这种饮茶之余的时间里。

爱因斯坦并没有因为这是闲暇时间而休息，而是在休闲时工作，在工作中休闲饮茶，这是很好的结合。现在，茶杯和茶壶已渐渐地成为英国剑桥大学的一项"独特设备"，以纪念爱因斯坦的利用闲暇时间的创举。鼓励科学家利用剩余时间创造更大的成就，在饮茶时沟通学术思想，交流科学成果。

我国著名画家齐白石，无论是画虾、蟹、小鸡、牡丹、菊花、牵牛花，还是画大白菜，无不形神兼备。据说他在85岁那年的一天上午，写了四幅条幅，并在上面题诗："昨日大风，心绪不安，不曾作画，今朝特此补充之，不教一日闲过也。"

巴尔扎克在20年的写作生涯中，写出了90多部作品，塑造了2000多个不同类型的人物形象，他的许多作品被译为多国文字在世界各地广为流传。他的创作时间表是：从半夜到中午工作，就是说他要一直在桌子前坐12个小时，努力修改和创作，然后从中午到4点校对校样，5点钟用餐，5：30才上床，到半夜又起床工作。这就是巴尔扎克几十年间写作生活的一个缩影。巴尔扎克曾经这样说过："我发誓要取得自由，不欠一页文债，不欠一文小钱，哪怕把我累死，我也要一鼓作气干到底。"他在生命弥留之际，还念念不忘尚未完成的《人间喜剧》。巴尔扎克珍惜时间的精神，为我们树立了一个光辉的榜样。

做人感悟

时间如流水，一去不回头。时间对于每一个人都是公正的，想想每一分钟对你的意义。想想让时间如何过得更加有意义吧！谁能以深刻的内容充实每个瞬间，谁就能更有效地利用时间，谁就能够延长自己的生命。

天道酬勤

原一平素有日本的"推销之神"之称。一次在他69岁生日的宴会上，当有人问他推销成功的秘诀时，他当场脱掉鞋袜，将提问者请上台说："请您摸摸我的脚板。"

提问者摸了摸，十分惊讶地说："您脚底的老茧好厚哇！"

原一平笑笑说："因为我走的路比别人多，跑得比别人勤，所以脚茧特别厚。"

提问者略一沉思，顿然醒悟。

"勤能补拙是良训，一分辛苦一分才。"伟大的成功和辛勤的劳动是成正比的，有一分劳动就有一分收获，日积月累，从少到多，奇迹就可以创造出来。原一平脚板上的老茧，分明写着同样的一个字，那就是"勤"。

人们常说：有耕耘才有收获。一个人的成功有多种因素，环境、机遇、学识等外部因素固然都很重要，但更重要的是依赖自身的努力与勤奋。缺少勤奋这一重要的基础，哪怕是天赋异禀的雄鹰也只能栖息于树上，望天兴叹。而有了勤奋和努力，即便是行动迟缓的蜗牛也只能雄踞山顶，观千山暮雪，望万里层云。懒惰的人花费很多精力来逃避工作，却不愿花相同的精力去努力完成工作。其实，这种做法完全是在愚弄自己。勤奋真的很难吗？勤奋不是天生的，而是后天培养出来的好习惯。大凡有所作为的人，无不与勤奋的习惯有着一定的联系。我们知道"将勤补拙"是李嘉诚的一条重要的人生准则，也是他成功的经验之一。

米开朗基罗曾经有这样一段评价另一位天才人物拉斐尔的话："他是有史以来最美丽的灵魂之一，他的成就更多的是得自于他的勤奋，而不是他的天才。"也有人在问及拉斐尔本人如何能够创造出这么多奇迹一般完美的作品时，拉斐尔回答说："我在很小的时候就养成一个习惯，那就是从不忽视任何事情。"直到这位艺术家突然驾鹤西去之际，整个罗马为之悲痛不已，罗马教皇利奥十世更是为之痛哭流涕。拉斐尔终年38岁，但在他短暂的一生中竟然留下了287幅油画作品和500多张速描。仅仅这些简简单单的数字，难道还不能给那些懒惰散漫、游手好闲的年轻人深刻的警示吗？

哈默曾经说过："幸运看来只会降临到每天工作14小时，每周工作7天的那个人头上。"他是这么说的，也是这么做的，他90多岁时仍坚持每天工作10多个小时，他说："这就是成功的秘诀。"巴菲特认为，培养良好的习惯是非常关键的一环。一旦养成了一种不畏劳苦、敢于拼搏、锲而不舍、坚持到底的劳动品性，则无论我们干什么事，都能在竞争中立于不败之地。

俗话说："勤奋是金。"一个芭蕾舞演员要练就一身绝技，不知道要流下多少汗水、饱尝多少艰辛，一招一式都要经过难以想象的反复练习。著名芭蕾舞演员泰祺妮在准备她的晚场演出之前，往往得接受她父亲两个小时的严格训练。歇下来时真是筋疲力尽！她甚至累得想躺下来，但又不能脱下衣服，只能用海绵擦洗一下，借以恢复精力。人们看到的舞台上那只灵巧如燕的小天鹅，表现得是那样的轻盈、自信。但这又来得何其艰难！台上一分钟，台下十年功！这其中的酸楚或许只有她自己才能真正的体会吧！

勤奋是一种重要的美德。坐等着什么事情发生，就好像等着月光变成银子一样渺茫。希望冥冥之中自有上天的眷顾，那也是不可能实现的痴人妄想。这些想法往往都是懒惰者的借口，是缺乏长远规划者的托辞。有一次，牛顿这样表述他的研究方法："我总是把研究的课题置于心头，反复思考，慢慢地，起初的点点星光终于一点一点地变成了阳光一片。"牛顿毫无疑问是世界一流的科学家。当有人问他到底是通过什么方法得到那些非同一般的发现时，他诚实地回答道："总是思考着它们。"

正如其他有成就的人一样，牛顿也是靠勤奋、专心致志和持之以恒才取得成功的，他的盛名也是这样换来的。放下手头的这一课题而从事另一课题的研究，这就是他的娱乐和休息。牛顿曾说过："如果说我对公众有什么贡献的话，这要归功于勤奋和善于思考。只有对所学的东西善于思考才能逐步深入。对于我所研究的课题我总是穷根究底，想出个所以然来。"

让我们研究一下那些伟大作品的"初稿"，也是一件很有意思的事情，从杰斐逊起草的《独立宣言》到朗费罗写成的《生命之歌》，没有哪一部作品在最终完稿前不是经过反复修改和润色加工而成的。据说，拜伦的《成吉思汗》甚至是写了100多遍才最终定稿的。

美国伟大的政治家亚历山大·汉密尔顿曾经说过："有时候人们觉得我的成功是因为我的天赋，但在我看来，所谓的天赋不过就是努力工作而已。"美国另一位杰出的政治家丹尼尔·韦伯斯特在70岁生日的时候，谈起他成功的秘密说："努力工作使我取得了现在的成就，在我的一生中，从来还没有哪一天不在勤奋地工作。"所以，勤奋地工作被称为"使成功降临到个人身上的信使"。

如果你时刻保持勤奋的工作状态，你就自然会得到他人的认可和称赞，同时也必然会脱颖而出，并得到成功的机会。

做一个勤奋的人，要知道，阳光每一天的第一个吻肯定会先落在那些勤奋的人的脸颊上。你要相信，在这个世界上没有人能只依靠天分而成功，你只有通过自己的努力，才能走向人生的巅峰。如果你永远保持这种勤奋的工作态度，你就会得到他人的赞扬，就会赢得老板的器重，同时也会赢得更多升迁和奖励的机会。

做人感悟

对于想成大事者来说，勤奋才是最好的资本。谁能不停止勤奋的脚步，谁就能够像一颗种子一样不断地从大地母亲那里汲取营养。

为成功积蓄足够的能量

法拉第出生在一个手工工人家庭，家里人没有特别的文化，而且颇为贫穷，小时候受到的学校教育很差。13岁时，他就到一家装订和出售书籍兼营文具生意的铺子里当学徒。但他除了装订书籍外，还经常阅读它们。他的老板也鼓励他，有一位顾客还送给了他一些听伦敦皇家学院讲演的听讲证。1812年冬季的一天，法拉第来到伦敦皇家学院，要求和院长戴维见面谈话。他带来了一本簿子作为自荐书，里面是他听戴维讲演时记下的笔记。法拉第给戴维留下了很好的印象。戴维正好缺少一位助手，不久就雇用了他。

1813年，戴维夫妇决定去欧洲大陆游历，他们带着法拉第作为秘书。这次旅游进行了18个月，这对法拉第的教育起了重大作用。他见到了许多著名的科学家，如安培、伏特、阿拉戈和盖·吕萨克等，其中几位学者立即发现了这位陪伴戴维的朴实年轻人的才华。

法拉第从欧洲大陆旅游回来后，几年内一直致力于化学分析，并在皇家学院担任助手工作。1860年，法拉第的研究活动结束时，他的实验笔记已达到16000多条。这些笔记以及前后的几百条笔记，都已编成书分卷出版，其中最著名的是他的《电学实验研究》。

法拉第坚信，如果电流能产生磁场，磁场也一定能产生电流。他为此冥思苦想了10年。他做了许多次实验，结果都失败了。直到1831年年底，才取得了巨大突破。他发明了一种电磁电流发生器，这就是最原始的发电机，奠定了未来电力工业的基础。

法拉第被公认为最伟大的"自然哲学家"之一。在他留下来的笔记中，有下面一段话：

"我一直冥思苦索什么是使哲学家获得成功的条件。是勤奋和坚韧精神加上良好的感觉能力和机智吗？难道适度的自信和认真精神不是必要的条件吗？许多人的失败难道不是因为他们所向往的是猎取名望，而不是纯真地追求知识，以及因获得知识而使心灵得到满足的快乐吗？我相信，我已见到过许多人，他们是矢志献身于科学的高尚的和成功的人，他们为自己获得了很高名望，但是还有一种在他们心灵上总是存在着妒忌或后悔的阴影，我不能设想一个人有了这种感情能够作出科学发现。至于天才及其威力，可能是存在的，我也相信是存在的，但是，我长期以来为我们实验室寻找天才却从未找到过。不过我看到了许多人，如果他们真能严格要求自己，我想他们已成为有成就的实验哲学家了。"

在成功之前，一个人要积蓄足够的力量。在这方面，托马斯·金曾受到加利福尼亚的一棵参天大树的启发："在它的身体里蕴藏着积蓄力量的精神，这使我久久不能平静。崇山峻岭赐予它丰富的养料，山丘为它提供了肥沃的土壤，云朵给它带来充足的雨水，而无数次的四季轮回在它巨大的根系周围积累了丰富的养分，所有这些都为它的成长提供了能量。"

没有足够的知识储备，一个人难以在工作和事业中取得突破性进展，难以向更高的地位发展。许多天赋很高的人，终生处在平庸的职位上，导致这一现状的原因是不思进取。不思进取的突出表现是他们宁可把业余时间消磨在娱乐场所或闲聊中，也不愿意读书、学习。他们心甘情愿陷于颓废的境地，尚未做任何努力就承认了人生的失败。这种心态下，也许连那个卑微的饭碗都不是十拿九稳的。

做人感悟

成功就是靠不断的积累起来的。

不学习的人就不会成功

华人首富李嘉诚曾经说过，不会学习的人就不会成功。他认为人生就是一个学习的过程，直到今天他仍然坚持不懈地学习，仍然坚持从中英文报刊上吸收各种知识。

长江实业集团的一位高级职员曾经将一篇有关李氏王国的翻译文章送给李嘉诚看，李嘉诚一看便说："这不就是《经济学家》里面的那篇文章吗？"原来，李嘉诚早已看过英文原文。

李嘉诚的阅读非常广泛。他希望通过不断的学习来陶冶自己的性情。李嘉诚曾说："一般而言，我对那些默默无闻，但做一些对人类有实际贡献的人，都心存景仰。我很喜欢看那些人物的书。无论在医疗、政治、教育、福利的哪一方面对全人类有所帮助的人，我都很佩服。"

当今世界，正处于一个知识爆炸的时代，把握住最新的知识与信息，就是把握住了一个个机会。而获得这些知识的唯一途径，就是不断学习。学习并不仅仅是学校里书本上的阅读与练习，而是贯穿人一生的一项活动。因为时代的原因，有许多人年轻的时候并没有受到过系统的教育，但是这并不妨碍他们成为优秀的人才，当条件允许的时候，他们重新拿起书本，一边工作一边不断地通过各种途径进行学习，不断地给自己充电，最终也取得惊人的成就。我们现在所提倡的终身学习，就是指一个人在一生中，要持续不断地学习。

一、读万卷书，做最幸福的人

人的潜能是很大的，成功没有止境，学习也没有止境。不断地学习，你就会有不断的进步。

民国年间,湖北儒医熊伯伊除了医道上高明,还是个博学多才的人。他的诗作《四季读书歌》,笔调生动、情趣盎然,至今读来依然使人获益良多,思绪无穷:

春读书,兴味长,磨其砚,笔花香。读书求学不宜懒,天地日月比人忙。燕语莺歌希领悟,桃红李白写文章。寸阳分阴须爱惜,休负春色与时光。

夏读书,日正长,打开书,喜洋洋。田野勤耕桑麻秀,灯下苦读声朗朗。荷花池畔风光好,芭蕉树下气候凉。农村四月闲人少,勤学苦攻把名扬。

秋读书,玉露凉,钻科研,学文章。晨钟暮鼓催人急,燕去雁来促我忙。菊灿疏篱情寂寞,枫红曲岸事彷徨。千金一刻莫空度,老大无成空自伤。

冬读书,年去忙,翻古典,细思量。挂角负薪称李密,囊萤映雪有孙康。围炉向火好勤读,踏雪寻梅莫乱逛。丈夫欲遂平生志,一载寒窗一举汤。

只有读万卷书,才能每临大事有静气,成就别人无法企及的大业。

有一句话说得好:"能忙世人所闲事,方能闲世人所忙事。"这里所谓的闲事,就是学习。

喜欢学习,就等于把生活中平常的时光转换成了巨大享受的时刻。学习,可以增长见识,陶冶性情,使人的情感更细腻,举止更优雅,气质更深沉。淡泊以明志,宁静以致远,是非读书学习不能达到的。学习为人生带来了最美妙的时光,沉浸于书的世界中的人,几乎可以称得上是世界上最幸福的人。

二、随时随地求进步

成功者的特征,就是能随时随地求进步。他害怕退步,害怕堕落,因此,他总是通过学习来力求上进。

进步,通过学习可以得到。学习,应是人终身的伴侣。一个人成就有大小,水平有高低,决定这一切的因素很多,但最根本的还是学习。正确地利用空余时间进行学习是卓越品质的表现。历史上的很多例子都说明,被用来学习的空余时间从很大意义上来讲,并非空余,而是节省出来的——是从睡眠、就餐和娱乐时间中节省出来的。

有个农村孩子,16岁中学毕业后,就到深圳去打工。在建筑工地上,他整个白天都待在太阳底下筛沙子，有时晚上还需要加班加点。就是在这样艰苦的条件下，他吃饭时面前总要摆一本书，平时就把书装在兜里，只要有空就拿出来看，勤学不辍。节假日，其他的打工仔要么三五个聚在一起搓麻将、打扑克，要么出去玩，而他则设法利用这些时间，来接受自学教育。当那些打工仔打哈欠、伸懒腰时，他却不失时机地学习、进步。他坚信，珍惜时间会使他获益匪浅，而虚掷光阴只会让他碌碌无为。读书、学习之余，他试着写诗，向报刊杂志社投稿，稿件一次次地被退回来，但他并不气馁。他知道，是自己学得不够。他依旧见缝插针地学习。皇天不负苦心人，他的一首小诗终于在一家杂志上发表，从此，他走上了文学之路，一部部作品被相继采用。回到家乡后，他被当地文联聘为特约编辑。

使人没有成就、陷入平庸的并不是能力不足，而是勤奋不够。随时随地求进步是一种心态，必须自己用心去引导，它才会像活泉般涌现出来。心理学家皮尔说："如果你觉得生活特别艰难，就要老老实实地自省一番，看看毛病在哪里。我们通常最容易把自己遭受的困难归咎给别人，或诿称是无法抗拒的力量。但事实上，你的问题并非你所不能控制，解决之道正是你自己。"如果一个人常常有消极或无能为力的感觉，就会使自己变得懒惰起来。这时，最能帮助你的就是你自己：改变心态，换上积极进取的思想，自然会再度站立起来。

书籍多如耸立的高山，知识广如浩瀚的海洋。功成名就，好比攀登崇山峻岭，横渡四海大洋，行程漫漫，困难重重，绝非短期之内可以毕其役。"锲而舍之，朽木不折；锲而不舍，金石可镂。"知识一天没有积累，不是维持现状，而是在减少。所以，积累也不是一般概念的加法，当你的知识积累到一定时候，会爆发出一个个灵感来。这种灵感会使你一下子明白许多以前似懂非懂的东西，会使你悟出许多书本上没有学过的东西。这样，你的知识岂不是成几何倍数地增长了吗？

三、养成好的学习习惯

要想拥有成功的人生、成功的事业，我们必须具有广博的知识，而使自己具有广博知识的唯一之路就是要从各种可能的途径吸取各种知识。只有那些能通过各种途径吸取知识的人，能从他人的知识中获益的人，才能使自己的学识更为广博和深刻，使自己的胸襟更为开阔，使自己的趣味更广泛，也更能使自己应付各种各样的问题。

不是只有校园里的教育才是学习。毕竟校园里的教育，只是你生命中的一个阶段。学校教育的目的，只是为你走出校园后在社会上学习，在工作中学习，奠定一个学习的基础。学校教育不代表你在社会上的生存能力，也不代表你的工作能力。

还有人认为，只有青年时期才是用来学习的，成年以后，已经不再是学习的时期了，到了晚年更不可能再去学习了。其实，我们随时随地都有学习的机会，我们不应该让这些机会白白地溜走。只要能寻求机会，能够尽量利用自己的空闲时间，努力学习，全神贯注地学习知识，就能够补充你没有受教育的不足，甚至能让自己学富五车，成为真正的大学者。我国古代有"朝闻道，夕死可矣"一说。是说早上明白了道理，就算晚上死去也值得。立志读书也是一样，只要能立下正确的志向，就算晚一点，只要能按照自己的志向坚持不懈地实现它，你的人生一样会有意义。

所以说，在人的整个一生中，都有接受教育的可能性。尤其是到了壮年以后，因为你具有更多的经验，具有更好的判断力，也更懂得珍惜时间，更善于利用一切机会来学习。有不少人，在学校念书时，少不更事，浪费了不少光阴，但是到了中年以后，他开始知道知识的重要，为了补救自己知识上的缺陷，便开始努力用功，结果也取得了惊人的成就。

人的一生，无时不可以学习。社会就是一所大学校。我们所遇到的人，所接触到的事，所得到的经历，都是这所大学里最好的学习资料。只要我们能做个有心人，那我们在每一天、每一分钟里，都可以吸收到很好的知识。

哈佛大学有一位校长曾经说过："要养成每日用十分钟来阅读有益书籍的习惯。20年后，思想将大有改进。所谓有益的书籍，是指世人所公认的名著，不管是小说、诗歌、历史、传记或其他种种。"试想，每天十分钟，一年可以读多少字？十年呢？只要能坚持学习，养成终身好学的习惯，"铁杵也能磨成针"，还有什么事业不能成就？

不要放弃学习，让自己成为热爱学习的人，你会发现你的生活从此有

第六篇 ◆ 命运掌握在自己的手里

了彻底的改观。

四、不断学习，不断创造

用"活到老，学到老"来形容我们现在的生存现状毫不为过。生活节奏在加快，知识更替在加快，社会竞争也日趋激烈。我们生活在社会之中也如逆水行舟，不进则退。别人都在前进，你若不努力向前，便可能被甩在身后。我们必须通过不断地学习，不断地充实自己，不断地学习新的知识，只有这样才能跟上社会的脚步，跟上时代的步伐。

英特尔公司总裁安德鲁·格罗夫先生的人生格言是："只有偏执狂才能生存。"然而，对于白领沈小姐来说，她更相信：只有学习狂才能生存。虽然沈小姐已经拥有硕士文凭，但她仍然怀有一种危机感。她经常提醒自己："在知识经济时代，一切都以格罗夫所说的'10倍速'高速发展，一年不学习，你所拥有的知识就会折旧80%。所以，我必须'天天学习，天天向上'。"

前段时间，沈小姐相继参加了秘书资格考试和BBC（剑桥商务英语）考试。此外，她还在一所驾驶学校考到一张驾照。沈小姐说："现在已进入一个'新论资排辈'时代。每一张考来的资格证都代表你的一种工作能力，资格证是求职、加薪和升迁的阶梯。"

聆听成功人士的个人演讲会，是沈小姐的一个业余爱好。她聆听了香港推销大王冯两努的"企业领袖才能"、著名职业经理人吴士宏的"与成功有约"等成功人士的演讲。沈小姐还打算报考上海中欧国际工商MBA，18个月的MBA

学习需要付出一笔不菲的学费，她倒是在所不惜，她轻松地说："其实，学习也是一种投资。"

毛主席曾说："情况是在不断地变化，要使自己的思想适应新的情况，就得学习。"只有不断学习，才能不断地适应外部环境的变化。一旦学习停滞了，生存就难了。

1994年11月，意大利首都罗马举行了"首届世界终身学习会议"，提出"终身学习是21世纪的生存概念"，强调："如果没有终身学习的意识和能力，就难以在21世纪生存。"

《美国2001年教育战略》中写道:"今天,一个人如果想到美国生活得好,仅有工作技能是不够的,还须不断学习,以成为更好的家长、邻居、公民和朋友。学习不仅是为了谋生,而且是为了创造生活。"

做人感悟

可以这样说,学习化生存观念是由信息社会、知识经济时代催生的细胞,而又反过来成为信息社会、知识经济时代的支撑基石。今天,社会变革的潮流一浪高过一浪,我们在面对竞争日趋激烈的现实时,必须具有学习化生存观念,如不终身学习就会被淘汰。

学习是一生都要面对的课题

孔子一生勤奋学习,到了晚年,他特别喜欢《易经》。《易经》是很晦涩的,学起来也很困难,可是孔子不怕吃苦,反复诵读,一直到弄懂为止。因为孔子所处的时代,还没有发明纸张,书是用竹简或木简写成的,把许多竹简用皮条编穿在一起,便成为了一册书。由于孔子刻苦学习,竹简翻看的次数太多了,竟使皮条断了三次。后来,人们便据此创造出了"韦编三绝"这个成语,以传诵孔子勤奋好学的精神。

社会的竞争就像一场马拉松比赛,别人都在飞奔,你自己怎么能停止?所以"终身学习"已经成为十分迫切的需要。学习在我们年轻的时候,可以陶冶我们的性情,增长我们的知识;到我们年老时,它又给我们以安慰和勉励。

文坛星宿苏东坡,自幼天资聪颖,在他父亲的悉心教导下,学业大有长进。小小年纪便博得了"神童"的美誉。少年苏东坡在一片赞扬声中,不免飘飘然起来。他自以为阅尽天下文章,颇有点自傲。一天,他兴之所至,挥毫写下了一副对联:"识遍天下字,读尽人间书。"他刚把对联贴在门前,便被一位白发老翁看到了,他深感这位小苏公子也太过狂傲了,便想给他一个教训。

过了两天，老翁手持一本书，来面见小东坡，声称自己才疏学浅，特来向小苏公子求教。小苏东坡接过那本书，翻开一看傻了眼，那上面的字他竟一个都不认识。老翁见小东坡呆立在那儿，便又恭恭敬敬地说了声："请赐教。"这下，小东坡的脸红得像一块红布一样，无奈，他只得如实告诉老翁，他并不认识这些字。老翁听了哈哈大笑，捋着白胡子指了指那副对联，拿过书本，扭头走了。

小苏东坡望着老翁的背影，惭愧地提笔来到门前，在那副对联的上下联前各加了两个字：

发奋识遍天下字
立志读尽人间书

并以此联铭志，要活到老，学到老，永不满足，永不自傲。从此，他一改以往狂浪的姿态，手不释卷，朝夕攻读，虚心求教，最终成为北宋文学界和书画界的佼佼者，博得了唐宋八大家之一的盛誉。

所以我们青年人必须要把自己的精力与心思，放在收集、学习与研究那些以后自己的人生之旅所需要的知识、学问与技能上面，这就是要"再教育"。如何使自己成为人才呢？我们首先就要弄清我们所要成为的"人才"，到底有怎样的内涵？从经济层面看，人才就是特别为社会所需要的人。简单地说，社会需要两种以上知识相叠相补充的人。例如机械工业很有发展前途，但是现在在机械工业里，已大量介入电脑应用，机器配上电脑则可成为附加价值甚高的产品，因此其所需要的人才是既懂机械又懂电脑的人才，你若二者具备，就是他们需要的人才，你的机会就比只懂机械或电脑的人多。

在美国一般制造业的大公司里，要想升任总裁或副总裁等重要职位，必须即懂该公司产品制造的工业，又要懂得企业管理，只有这种人，才能将公司经营管理得更好。否则你即使再优秀，也只不过是一名优秀工程师而已，你最多做到工厂厂长，但却很难当上总裁。彼得扎克说："在人生的这场游戏中，你应当保持生活和学习的热情，不断地吸取能够使自己继续成长的东西来充实你的头脑。"因此在美国，很多公司的工程师都跑到学校再去念一个企管硕士，如此努力地"再教育"自己，公司对此也不会视而不见的，一般这样的员工大多会有更上一层楼的机会。

在我们的工作、生活中，需要相当多的知识和技能，这些在课本上都没有，老师也没有教给我们，这些东西完全要依靠我们在实践中边学、边摸索。可以说，如果我们不继续学习，我们就无法取得生活和工作需要的知识，无法使自己适应急速变化的时代，我们不仅不能搞好本职工作，反而有被时代淘汰的危险。

当今，科学技术飞速发展。据美国国家研究委员会调查，半数的劳工技能在1-5年内就会变得一无所用。特别是在软件界，毕业10年后所学的还能派上用场的不足1／4。我们只有以更大的热情，如饥似渴地学习、学习、再学习，才能使自己丰富起来，才能不断地提高自己的整体素质，以便更好地投入到工作和事业中。

许多人认为"学习是很辛苦的"，曾荣获"联合国和平奖"的日本著名社会活动家和国际创价学会会长池田大作却提出了享受"学习的喜悦"的观点。池田大作指出，人能否体会到"阅读的喜悦"，其人生的深度、广度，会有天渊之别。

终生学习在过去似乎更是一种人生的修养，而在今日，它成了人生存的基本手段。特别是近年来，随着新技术、新产品和新服务项目层出不穷，就业能力的要求随着技术进步的加速也在不断变化着，标准的提高，使得技术发展的要求与人们实际工作能力之间出现了差距。由此产生了一种相当普遍的社会现象：一方面失业在增加，另一方面又有许多工作岗位找不到合适的就业者；一方面争抢人才的大战异常激烈，另一方面又有大批在岗者被迫离开岗位。伴随着知识经济的来临，企业对劳动力不再只是数量需求，更重要的是对其质量有了新的标准和需求。强化知识更新，树立"终身受教育"的观念已成为时代的呼唤。

美国公司的企业主管，在录用新职员时都说："You will shape up or shape up."意思是："你要不断进取、发挥才能，否则将被淘汰。"竞争激烈的现代社会对职员的要求就是这样。突破现状、不断进取是事业成功的必备条件，也是时代的必然要求。

无论是出于外在竞争的压力，还是出于内在精神的需求，在现在这个信息时代、知识经济时代，学习不仅仅是一个学习时间的延长问题，而必须有其方式的革命，否则，我们仍是无法适应这个时代。对学习方式变革的迫切性和重要性，无论怎么形容都不会过分。

阿尔温·托夫勒把虽然想要学却不知道学习方法的人，叫作"未来文盲"。一个不懂学习方法的人，在过去不能算作一个文盲，但在未来他就是文盲，他的勤奋并不管用。"书山有路勤为径，学海无涯苦作舟"恐怕也得成为历史名言，因为"勤"和"苦"，都不再是这个时代学习方式的特征了。

终生学习，首先应当服从自身的生存目的。一个不明确自己生存目的的人，即使他改进了学习方法，即使他变得一目十行，一天能读四本书，甚至一分钟能读几万字，但他整个人生的生存状态是茫然无措的。这使我们想起了穆拉·那斯鲁丁的故事：

穆拉·那斯鲁丁在行色匆匆的人群中一路小跑着。有人问他："穆拉，你急着去哪里？"

"我不知道。"

"那你在干什么？"

"我在赶时间。"

每一个人都一定有自己的生存目的，它或许是有意识的，或许是无意识的。但是像穆拉这样，想必他每天就是没有一刻的闲暇，他也是不会取得成功的。

终生学习，"与书为友"的人是坚强的。因为他能自在地品味、汲取古人的精神财产，运用自如。这种人才是"心灵的巨富"，以钱财来说，就像拥有好几家银行一样，需要多少就能提取多少。要达到这种伟大的境界，最重要的是养成读书的习惯。

做人感悟

人的一生是一个逐步成长的过程。终生进行学习，是人在社会生存的最佳的选择。终生学习的充分发展，使社会向着学习型转化。终生学习的思想突出了学习者的中心位置，突出了学习与人的生命共始终。

把小事做到位

任何一位做大事的人，都是从做小事开始的。

美国石油大王约翰·大卫·洛克菲勒说："我成功，是因为对别人往往会忽略的平凡小事特别关注。"

美国著名的标准石油公司，一度每桶石油卖4美元，一位名叫阿基勃特的公司小职员，每逢吃饭付账、出差住旅馆、写信时，也就是说，只要逢他签名的时候，他都不忘写上"每桶4美元的标准石油"这句宣传语，有时，他干脆不签名字，只写上这几个字代替签名。

时间一长，同事及朋友均取笑他，给他取了个外号"每桶4美元"。有事没事用这个外号叫他，相反，他的名字越来越没人叫了。标准石油公司的董事长洛克菲勒听说了这件事，特地把阿基勃特叫来共进午餐，并问他："别人不叫你的真名，而叫你'每桶4美元'，你为何不生气呢？"

"'每桶4美元'不是公司的广告语吗？多一个人叫我，就多一次宣传，这样的好事我为何不乐而要生气呢？"

洛克菲勒感叹道："阿基勃特如此从小事做起，坚持不懈地宣传公司，真是一位模范职员啊！"

5年后，洛克菲勒卸去董事长一职，阿基勃特凭此力克众多才能高他一等的对手，继任美国标准石油公司第二任董事长。

的确，一个人的成功，有些时候纯粹是由一件小事造就的，带有很大的偶然性，可谁又能不承认，这又是一种必然呢？

"我的工作太平凡了，要能有所作为是不可能的。"普通人面对平凡的工作岗位，也许大都会发出这样的感叹。可对掌握全美90%以上制油实业的石油大王——约翰·大卫·洛克菲勒来说，却不是这样的。他的人生哲学是："我成功，是因为对别人往往会忽略的平凡小事特别关注。"

年轻时的洛克菲勒刚进入石油公司工作时，由于学历不高，也没有什么技术，因此被分派巡视并确认石油罐盖有没有自动焊接好，这是这个石油公司最简单的工作岗位，连3岁小孩也能胜任。

每天，洛克菲勒的眼盯着焊接剂自动滴下，沿着石油罐盖转一圈，看自动输送带再把石油罐移走。工作平凡又枯燥，像一般人所做那样，洛克菲勒干不到几天，就开始厌倦这项工作了。他申请调换其他工作，终因没有技术而作罢。无法可想的洛克菲勒只好重新回到这个平凡的岗位，他想：既然不能换更好的工作，就把这项工作干好再说吧。

于是，他更加认真地观察、检查石油罐盖的焊接质量。这时候，公司正在推行节约计划，洛克菲勒想，我这项工作是不是也可以节约某项程序？他发现每焊好一个石油罐盖，焊接剂要滴落39滴，而经过周密的计算，结果是实际只要37滴焊接剂就可焊接好一个石油罐盖。但是，这个方法并不实用。

洛克菲勒并不灰心，相反这激发起他更大的兴趣。经过多次测试，他终于研制出"38滴型"焊接机。也就是说，用这种焊接机，比原来的每次要节约一滴焊接剂。尽管节省的只是一滴焊接剂——可"38滴型"焊接机一年为公司节省5亿美元的开支。

洛克菲勒就此一步步走向成功。一滴焊接剂改变了他的一生。

成功者是那些善于利用每一时机的人。即使在平凡的工作中，他们也能够很快使自己脱颖而出。

罗斯金说："来到这个世界上，做任何事都要全力以赴。"

即使是最卑微的职业，也能从中体验到快乐与满足。即使是补鞋这么低微的工作，也有人把它当作艺术来做，全身心地投入进去。不管是打一个补丁还是换一个鞋底，他们都会一针一线地精心缝补。另外一些人截然相反，随便打一个补丁，根本不管它的外观，好像自己只是在谋生，根本没有热情来关心工作的质量。前一种人热爱这项工作，不是总想着从修鞋中赚多少钱，而是希望自己手艺更精，成为当地最好的补鞋匠。

有一些教师常以大师的标准来要求自己，在教育生涯中全力以赴，以满腔爱心、同情心和责任心对待每一位学生，学生也能从他那里得到教益，成为一生的财富。他们好像要把温暖的阳光照射到每个同学的心中。教室就像他们的作画室，而他们是站在画布前面的大师，全神贯注于自己的创作。

另外一些教师的态度则截然不同,从早晨一开始就对一天的工作觉得厌倦,想到要去给那些愚蠢的学生上课,就腻烦透顶,想着如果哪一天不用上课就解放了。他们的授课既无热情,也无生气,反而把不良心态传染给了学生。

正是富有诗意的心态、愉快乐观的精神、饱满的生活热情,使得自己把枯燥乏味的日常工作,看成是充满激情与成就感的事业,并身体力行。

当一个人喜爱他的工作时,你可以一眼看出来。他非常投入,其表现出来的自发性、创造性、专注和谨慎,十分明显。而这在那些视工作为应付差事、乏味无聊的人那里,是根本看不见的。

这样的情形在办公室、商店、工厂里也经常见到。一些职员拖拖沓沓,似乎连走路都费很大的劲,让人觉得,生活仿佛是个沉重负担。他们讨厌自己的工作,希望一切都快些结束,他们根本就不明白,为什么别人能充满热情,干劲十足,自己却总是觉得什么都单调乏味。看着这样的职员做事,简直就是受罪。

而那些充满乐观精神、积极向上的人,总有一股使不完的劲儿,神情专注,心情愉快,并且主动找事做,期望事业越做越大。

做人感悟

把简单的事情做好就是不简单;把平凡的小事做好就是不平凡。

进取心是一种极为难得的美德

拿破仑·希尔曾经聘用了一位年轻的小姐当助手,替他拆阅、分类及回复他的大部分私人信件。当时,她的工作是听拿破仑·希尔口述,记录信的内容。她的薪水和其他从事相类似工作的人大约相同。有一天,拿破仑·希尔口述了下面这句格言,并要求她用打字机把它打下来:"记住:你唯一的限制就是你自己脑海中所设立的那个限制。"

当她把打好的纸张交还给拿破仑·希尔时,她说:"你的格言使我获得了一个想法,对你我都很有价值。"

这件事并未在拿破仑·希尔脑中留下特别深刻的印象,但从那天起,拿破仑·希尔可以看得出来,这件事在她脑中留下了极为深刻的印象。她开始在用完晚餐后回到办公室来,并且从事不是她分内而且也没有报酬的工作。并开始把写好的回信送到拿破仑·希尔的办公桌来。

她已经研究过拿破仑·希尔的风格,因此,这些信回复得跟拿破仑·希尔自己所能写的完全一样好有时甚至更好。她一直保持着这个习惯,直到拿破仑·希尔的私人秘书辞职为止。当拿破仑·希尔开始找人来弥补这位男秘书的空缺时,他很自然地想到这位小姐。但在拿破仑·希尔还未正式给她这项职位之前,她已经主动地接收了这项职位。由于她在下班之后,以及没有支领加班费的情况下,对自己加以训练,终于使自己有资格出任拿破仑·希尔属下人员中最好的一个职位。

不仅如此,这位年轻小姐的办事效率太高了,因此引起其他人的注意,开始提供很好的职位请她担任。拿破仑·希尔已经多次提高她的薪水,她的薪水现在已是她当初来拿破仑·希尔这儿当一名普通速记员薪水的4倍。对于这件事,拿破仑·希尔实在是束手无策,因为她使自己变得极有价值,因此,拿破仑·希尔不能失去她做自己的帮手。

拿破仑·希尔指出:这就是进取心的神奇作用。正是这位年轻的小姐的进取心,使她脱颖而出,可谓名利双收。

进取心是一种极为难得的美德,它能驱使一个人在不被吩咐应该去做什么事之前,就能主动地去做应该做的事。

"这个世界愿对一件事情赠与大奖,包括金钱与荣誉,那就是'进取心'。什么是进取心?我告诉你,那就是主动去做应该做的事情;仅次于主动去做应该做的事情的,就是当有人告诉你怎么做时,要立刻去做;更次等的人,只在被人从后面踢时,才会去做他应该做的事。这种人大半辈子都在辛苦工作,却又抱怨运气不佳;最后,还有更糟的一种人,这种人根本不会去做他应该做的事。即使有人跑过来向他示范怎样做,并留下来陪着他做,他也不会去做。他大部分时间都在失业中。因此,易遭人轻视,除非他有位有钱的老爸。但如果是这个情形,命运之神也会拿着一根大木棍躲在街头拐角处,耐心地等待着。"

你属于上面的哪一种人呢?如果你想把握更多的成功机会,必须注意多做些分外的工作。

一位事业非常成功的老板说，提供服务就如同是在进行投资，投资会带来利润，服务也能带来金钱。而且，无论何种投资都是有其风险性的，得视其风险的大小而定其获取利润的多少，甚至有可能会血本无归。然而，提供服务却没有丝毫的风险，你的付出必定会得到相应的回报，绝对不会出现你向别人提供服务以后却不能得到回报的情况。即使不能立即兑现你的服务，但只要你能坚持，必有享受回报的一天，并且肯定会兑现你所有的付出，甚至会大于你的付出。

做人感悟

每天对向自己说："我如何才能给别人做更多的事情呢？"养成服务的习惯，经常给别人提供比他们预料的更多的服务。你做的只是一点点额外的小事，却已经是在对金钱投资，那么你得到的也将是意外的收获。

瞄准看似不可能的目标

"许多人梦想成功，对我来说，成功只有在多次失败后和对失败进行反省后才能取得。事实上，成功只代表着你的工作的1%，而99%意味着失败。有1%的希望，就应该坚持！"这是本田宗一郎1974年在密执安获得博士学位时的一段演讲词。他还曾把这段话归纳为一个简洁而富有哲理的忠告，送给那些渴望成功的企业家，他说："企业家必须善于瞄准看似不可能的目标和拥有失败的自由。"

本田宗一郎于1906年11月出生在日本荒僻的兵库县的一个贫穷家庭。他家离索尼公司创始人盛田昭夫的家不远。盛田出生在一个拥有一个网球场的优裕家庭，而本田却是一个在路边修理自行车的穷铁匠的儿子。这种早期环境证明在本田最初试制摩托车的日子里对他很有好处。他父亲对他解决机械问题的培养在本田早期的训练中起到了很大作用。由于家庭贫穷，九个孩子中有五个因营养不良而早夭。

本田是个穷学生，经常逃课，他憎恶正规的教育。但他偏爱试验术，总是运用富有启发性的试错方法学得最好。他一直喜欢机器和机械装置，当儿时第一次看到汽车时，他陶醉了，正如他自传中的一段所展示的那样：

"忘掉了一切，我跟在车后跑，……我很激动，……我认为正是那时，虽然我仅是个孩子，总有一天我将自己制造汽车的思想产生了。"

那时，他并不知道自己将不仅仅拥有这样一部机器，而且将成为生产它们的工业巨头之一。

本田注定比其他人更能改变摩托车和汽车工业。在20世纪50年代早期，本田公司终于挤进了拥挤的摩托车行业。在五年内打败了250个竞争对手，使他实现了儿时的制造更先进的汽车的梦想。

本田承认他犯有错误，正如他在密歇根技术大学接受博士学位的演讲中表明的那样：

"回顾我的工作，我感到我除了错误、一系列失败、一系列后悔外什么也没有做。但是有一点使我很自豪，虽然我接二连三地犯错误，但这些错误和失败都不是同一原因造成的。"

做人感悟

凡是经得起考验的人，都会因为他的毅力而获得丰厚的报酬。只有少数人能从经验中得知坚韧不拔的精神的重要性。这些人承认失败只是一时的，他们依靠强烈的愿望而使失败转化为胜利。我们站在人生的轨道上，目击绝大多数的人在失败中倒下去，永远不能再爬起来。对此，我们只能总结说，一个人没有毅力，那他在任何一行中都不会取得成就。

成功的路上总要经历坎坷与磨难

英国劳埃德保险公司曾从拍卖市场买下一艘船，这艘船1894年下水，在大西洋上曾138次遭遇冰山，116次触礁，13次起火，207次被风暴扭断桅杆，然而它从没有沉没过。

劳埃德保险公司基于它不可思议的经历及在保费方面带来的可观收

益，最后决定把它从荷兰买回来捐给国家。现在这艘船就停泊在英国萨伦港的国家船舶博物馆里。

不过，使这艘船名扬天下的却是一名来此观光的律师。当时，他刚打输了一场官司，委托人也于不久前自杀了。尽管这不是他的第一次失败辩护，也不是他遇到的第一例自杀事件，然而，每当遇到这样的事情，他总有一种负罪感。他不知该怎样安慰这些在生意场上遭受了不幸的人。

当他在萨伦船舶博物馆看到这艘船时，忽然有一种想法，为什么不让他们来参观参观这艘船呢？于是，他就把这艘船的历史抄下来和这艘船的照片一起挂在他的律师事务所里，每当商界的委托人请他辩护，无论输赢，他都建议他们去看看这艘船。

它使我们知道：在大海上航行的船没有不带伤的。成功的路上并没有撒满鲜花与阳光，相反却总要经历坎坷与磨难。

获得诺贝尔文学奖的美国作家海明威曾经当过拳击手、猎手、渔夫和记者。他学拳击，时常被打得鼻青眼肿、血流满面；他上战场，被炮弹击中，身上留下200多块弹片，并安上金属膝盖；他学写作，四个月的辛苦只换来"退稿"二字。但他说："拳击教会了我绝对不能躺下不动，要随时准备冲锋，要像公牛那样又快又狠地冲。"他就是凭着顽强的性格与毅力，赢得了成功，写出了《老人与海》等传世杰作，一举登上世界文坛的高峰。

获得诺贝尔化学奖的瑞典科学家阿仑尼乌斯创立电离理论的过程中充满了重峦叠嶂，他经过千百次测量获得的结论被一些保守的教授斥为胡说八道，"纯粹的空想"，论文也只得"三级"评语。三年后他通过了论文答辩，但是依然遭到激烈的反对，直到十年后才彻底改变了厄运，被聘为教授，成为斯德哥尔摩大学校长。

有一位化学家曾讲过："科学成果是一个很懒的女神，你敲几下门停止了，她就懒得来开门，你不停地敲下去，她就不得不来开门了。"

你只有不怕挫折，不畏艰难，坚持不懈地敲下去，成功女神才会开门接纳你。

那种经常被视为是"失败"的事，实际上只不过是"暂时性的挫折"而已。

青春励志

为人——学会取舍，善待得失

只有把挫折当作失败加以接受时，挫折才会成为一股破坏性的力量。如果把它当作是教导某些忠告的老师，那么，它将成为一种祝福。这种暂时性的挫折实际上会使我们振作起来，调整我们的努力方向，使我们向着更美好的方向前进。

在人的一生中，谁敢说他从没犯过错误？就连拿破仑，这个不可一世的伟人，也在他所有重要的战役中输掉了三分之一。或许我们的平均纪录并不比拿破仑更差，可又有谁知道呢？更重要的是，即使动用国王所有的兵马也不可能挽回过去。所以需要我们牢记的就是：忘记那些暂时性的挫折！

也许你在翻阅莎士比亚的名著时，已经为他的很多传世名言所感动。也许你还记得他曾经说过的一句非常有名的话："聪明的人永远不会坐在那里为他们的损失而悲伤，他们会很高兴地想办法来弥补他们的创伤。"能够自觉地遵照他的话去做的人，就能够战胜苦难和挫折，否则，就可能走向毁灭。除了先人的切身经历，许多文学作品中也生动地揭示了这个道理。在电影作品中，正反方面的实例都很多。

由著名演员梅丽尔·斯特里普主演的奥斯卡获奖影片《苏菲的抉择》，讲述了一个从奥斯维辛集中营里出来的波兰女人的故事。影片开始的时候，苏菲已经来到了美国，可是她依旧生活在噩梦中。所有她爱的人，她的父亲、母亲、丈夫、情人、儿子、女儿都死去了，而她活了下来，她无法原谅自己。

少女时代的苏菲，每天都祈求上帝让自己成为一个完美的人，可在时代的大动荡中，苏菲的生活变得面目全非。自己崇拜的教授父亲变成了一个纳粹种族主义的狂热信徒和倡行者；自己的丈夫和情人被德国的盖世太保所杀；而在集中营里，德国人"恩赐"给她一个机会，让她在自己的儿子和女儿中选择一个留下来（另一个则会被送进毒气室），苏菲绝望地说："把我的女儿带走吧！"在苏菲的内心深处，她认为自己不配再拥有爱情、家庭和孩子，最后，她选择了死亡。

而在另一部灾难影片《泰坦尼克号》中，人们却看到了另一个结果：露丝在经历了一场大劫难，痛失情人之后，选择了新生。

162

做人感悟

统统忘记那些暂时性的挫折吧。一个生活在追悔中的人，只在乎痛苦的、不幸的过去，而忽视了充满希望、健康的今天和明天。要知道，人不能生活在过去，现在和未来才是最重要的。

钢铁是这样炼成的

《钢铁是怎样炼成的》这本书是奥斯特洛夫斯基全身瘫痪、双目失明以后完成的。

1920年，当了红军战士的奥斯特洛夫斯基在战斗中受了重伤。由于他受伤过重和忘我地工作，再加上接连生了伤寒和风湿病，奥斯特洛夫斯基的健康坏极了。到了1926年，他只能长期躺在病床上了。

疾病虽然使他不能动弹，眼睛也看不清，但是，他认为自己还有健康的大脑和两只手，还可以去运用新的武器——写作，为祖国作出贡献。

写作，对奥斯特洛夫斯基来说，困难是很大的。他只上过小学，又是残废。他为了充实自己，顽强地克服了疾病所造成的一切困难，他拼命地读书，人们看到他这种样子，都叫他是"发狂的读者"。

到了1930年，他的两眼完全失明了，胳膊除了肘部以下部分还能勉强活动外，全身都不能动弹了。但是经过三年的准备，到1933年，他终于咬紧牙根，开始写作《钢铁是怎样炼成的》。

奥斯特洛夫斯基写每一个字，都是非常艰苦的。他每一次活动，关节都疼得厉害，但是他还是忍受着，不断地写着。因为看不见，摸索着写出来的字，简直没法辨认：不但字写得歪歪倒倒，而且字上叠字。后来他想出了一个办法，用厚板纸刻出一行行空格，他沿着空格写，字就不会重叠了。为了尽早将书稿写完，他不但白天写，晚上也写。有时，为了抵抗剧烈的疼痛，他把嘴唇都咬出血来。但写书的事却一天也未停止。

经过两年多的艰苦劳动，战胜了无数难以想象的困难，到了1936年6

月,这部伟大作品终于胜利完成了。

并非只有你的生活才充满悲伤与挫折。即使最聪明、最成功的人也同样会遭受一连串的打击与失败。这些人和平常人的不同之处仅仅在于,他们深深知道,没有纷乱就没有平静,没有紧张就没有轻松,没有悲伤就没有欢乐,没有奋斗就没有胜利,这是我们生存所要付出的代价。

做人感悟

奥斯特洛夫斯基说:"只有意志坚强的人,才能战胜一切。"在一个钢铁战士面前,不能克服的困难是没有的;而钢铁战士也正是在克服困难的过程中锻炼成长的。

忍耐让你的生命更具张力

因为有了张力,水珠会变得晶莹剔透、饱满圆润,同样有了张力,人生就会不鸣则已,一鸣惊人。

勾践卧薪尝胆的故事,人所共知,正如老子所云:处下、柔弱,才是生存之道。

想当年,颇有雄心壮志的越王勾践被吴王围困在会稽山上,越王走投无路,叹息道:"我难道就要死在这里了吗?"文种说:"商汤被桀囚禁在夏台,文王被纣囚禁在羑里,晋公子重耳亡命翟国,齐公子小白逃到莒国,最终都成就了王霸之业。由此看来,哪能一定就说不是一种福气呢?"

为了求生,更为了复国,勾践选择了忍辱求和。吴国赦免了越国,但越国却成为吴国的臣国,并受控于吴国。越国的君主勾践要像奴隶一般在吴国宫中服役3年,放牛牧羊,伺候吴王。抵达吴都后,夫差有意羞辱他,把他囚禁在一个石室里,要他住在阖闾坟前的一个小石屋里守坟喂马,有时骑马出门还故意要他牵马在国人面前走过。勾践忍辱负重,自称贱臣,对吴王执礼极恭,吃粗粮、睡马房、服苦役,"服犊鼻、著樵头;夫人衣无缘之裳、施左关之襦"。胜过夫差手下的仆役。

这三年,他极尽忍耐之能事。柏杨先生的《中国人史纲》里有这样一

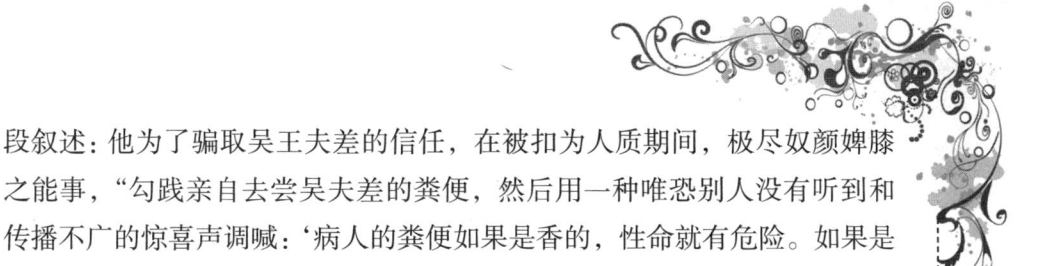

段叙述：他为了骗取吴王夫差的信任，在被扣为人质期间，极尽奴颜婢膝之能事，"勾践亲自去尝吴夫差的粪便，然后用一种唯恐别人没有听到和传播不广的惊喜声调喊：'病人的粪便如果是香的，性命就有危险。如果是臭的，表示生理正常。大王的粪便是臭的，一定会马上痊愈。'"

后来，吴王确信勾践已经臣服，就免去了勾践的罪，让他回国去了。回到越国的勾践，便苦身励志，发愤图强，为了不忘亡国之痛、报仇雪恨，勾践在屋顶上面吊了一个苦胆，无论是出是进、是坐是站，就连吃饭睡觉，也要尝一尝苦胆之味，用来激励自己的斗志，每尝一口苦胆，就向自己发问："你忘记会稽之耻了吗？"他既不用床，也不用被褥，累了，便睡在硬柴堆砌的"床"上，以此锻炼自己的筋骨。他还亲身躬耕，夫人也亲手纺织，不吃两种荤菜，不穿两种色彩的衣服，礼贤下士，优厚待客，赈济贫民，慰问遭丧人家，与百姓同甘共苦。

大忍必有大益，在每次蒙受屈辱时，勾践都能以自己特有的思维方式来加以抚平，以至于最后变得越是屈辱，越是坚强。凭借这巨大的自我力量，在一个恰当的时机，越国以兵败、垂弱之国，最终灭了气焰嚣张、不可一世的吴国。

勾践以一国之尊，却能降尊纡贵，甘心为奴，因为他心中有一个大目标，那就是复国，为了达到这个目标，他忍人所不能忍，尝人所不能尝，遂得人所不能得。俗话说，百忍成金，忍能够成就英雄。

英雄等待出头之日，必须要忍耐。在无尽的忍耐中，让心灵得到磨砺，让生命更有张力。生命是否有张力，完全取决于你自己。上帝用心良苦，让你通过另一种方式来获取幸福人生，你要有悟性，放下悲痛，坦然面对，幸福就在那顿悟的瞬间开始。

台湾著名作家柏杨曾经是一个"火爆浪子"，他尖锐、激进。1979年，他因"美丽岛事件"被捕入狱，五年以后才被放了出来。五年的牢狱生活彻底地改变了他。他成为"谦谦君子"，变得理性、温和。就连周围的人都感到惊奇："现在的柏杨很有同情心，也知道替别人留余地，不像从前，总是那么火辣辣的。"

其实，柏杨不是没有过怨恨、绝望，他后来回忆他的狱中生活时说：他也曾经怨过、恨过。那段日子他经常睡不着觉，半夜醒来时发现自己竟

然恨得咬牙切齿,就这样大约持续了一年。后来,他意识到不能这样继续下去,否则,他不是闷死,就是被自己折磨死。

想明白之后,他坦然地面对一切,开始大量阅读历史书籍,光是《资治通鉴》前后就读了三遍。这些书籍给了他宝贵的精神食粮,他从这些书籍中领悟到:历史是一条长河,个人只不过是非常渺小的一点。他明白了一个道理:生命的本质原本就是苦多于乐,每个人都在成功、失败、欢乐、忧伤中反反复复,只要心中常保持爱心、美感与理想,挫折反而是使人向上的动力,使人的生命更具张力。

当柏杨忍耐下来后,他发现心境变得平和,而思路也越来越开阔,后来,他在牢中完成了三部史学巨著。

人的一生不可能一帆风顺,遇到挫折和困难是难免的,你不可能一直处于顺境,一直处于辉煌,当你的人生走到了"山"的顶峰必然会走下坡路,但如果你能做到坦然面对、心态放平稳,在忍耐中让自己变得更加坚强,让生命更具张力,那么你就有可能会在难言的忍耐之后,获得爆发的机会。

做人感悟

<u>生命是一张上帝签发的支票,就看你怎样去用。如果你善于忍耐,敢于用暂时的屈服来处理不利的境遇,那么,你的人生就会更具张力,那么你的这张支票也就实现了价值的最大化。</u>

与其专注于灾难的深重,不如努力寻求希望

法国的夏尔·戴高乐将军(1890-1970)是西方杰出的领导人、反法西斯的斗士。在二战中,他不畏艰险,不惧压力,领导法兰西人民完成了解放国土和民族统一的大业,被誉为"法兰西守护神"。

"一战"后期,戴高乐任法国第33步兵团上尉。1916年3月2日,戴高乐在对德战役中受伤被俘,被囚在德国南部地区战俘营中两年零八个月。

当时被德国人俘虏的法国人有40多万。与一些暗自庆幸能够借此远离

战争和硝烟的人不一样，戴高乐不愿听凭命运摆布。他全身心地沉迷于策划和实施越狱计划，先后六次逃脱，又六次被抓回，他仍不愿放弃。用他自己的话说，他就是"屡教不改的一根筋"。

据他的儿子菲利普回忆说，戴高乐本来特别讨厌干手工活，但是，当时由于一心一意要逃跑，他简直变成了另外一个人。他开始仿造钥匙，把军服染成老百姓衣服的颜色，伪造通行证，拆墙砖，锯栏杆。工具材料都是用吃剩下的罐头盒做的。

每一次逃跑，戴高乐都吃了不少苦头，每一次都很危险，不仅需要体力，更需要智慧。最大胆的一次是从德国巴伐利亚州的因戈尔施塔特战俘营逃跑。1917年2月，戴高乐被辗转送到该战俘营。那里戒备森严，专门用来关押曾经试图逃跑的军官。一到那里，戴高乐就想着怎么逃出去。他偷偷服用了大量用来做柠檬水的苦味酸。他一喝下去，顿时就出现了一系列特别可怕的重度黄疸症状，脸黄、眼黄、尿黄，等等，整个人几乎没有了人样。不过，戴高乐终于如愿以偿：他很快被送到当地军队医院的战俘附属医务所。这个附属医务所专门收治战俘，而紧挨着医务所的军队医院里住的全是德国伤兵。

当时，一些法国战俘有时也被单独带到那里接受特殊的检查和治疗。于是，他和另一位法国上尉迪派一起商定，绕道军队医院逃跑。他们设法弄到了德国军服和便装，便开始实施逃跑计划。1917年10月29日，迪派化装成德国护士，搀扶着假装生病的法国大个子上尉，戴高乐则拖着装满两人生活用品的大口袋。就这样，两个人大摇大摆地走出了战俘医务所。一进德军医院，他们便立即找到一间不显眼的小屋子，用自制的万能钥匙打开门，然后进去换上便装。等到晚上，戴高乐和同伴就混在德国伤兵和前来探望的德国平民中走出了医院。他们本打算徒步去300公里以外的瑞士小镇，可刚走到三分之二的路程就不幸被俘。其实，他们这时已经在雨天里又冷又饿地连续走了五天五夜，是一脸的倦容让他们在敌人搜捕时露了馅儿。

因为几次试图逃跑，戴高乐被罚关在所谓的"黑屋子"里长达四个月之久。那里又黑又冷，不能通信，没有书看，没有纸笔，没有灯光，没有暖气，吃的喝的也仅够维持生命。戴高乐只能经常背诗，有时还倒着背诗的字母和单词。这样，一来可以不至于因为闲得无聊而浪费时间；二可以强化自身的文化修养和记忆力；三来可以让自己和同伴都能保持良好的心态，并给敌人造成一种假象，让他们以为这个俘虏已经完全醉心于学习，而不再琢磨逃跑的事了。他特意在监狱里搞了许多讲座，有关于历史专题的，有关于军事指挥的，甚至还有关于德国文化的。其实，他表面上心平气和地作报告，暗地里却开办了一所真正的"越狱学校"。

整个"一战"后期，戴高乐就没有放弃过越狱的念头。

1918年11月初，一个战争委员会又因戴高乐两次逃跑判处他120天的监禁。恰好这时签署了停火协定，战争结束了，因此，他没去服这个刑。但倔强的他仍然一直坚持与德国人作斗争，一直到第二次世界大战。

有趣的是，在第二次世界大战后期，在德国也发生过一次有趣的类似的越狱的事件。

1944年3月24日，被关押在德国萨岗第三空军战俘营北院的囚徒们悄悄忙活起来了。一个激动人心的时刻即将来临："哈里"隧道已打通，他们中的一部分幸运者今晚将从那里逃出去，奔向自由与光明。

夜幕降临，被选举出来的240多名战俘换好了平民衣服——这些服装都是战俘们自己改做的，收好了自制的干粮。他们压抑住心中的激动，等待着。

晚上8点30分，等一切准备就绪。第一名逃跑者提着自制的手提箱，穿着便服，活像一个旅行者。第二名打扮成一个工人，紧跟其后，从隧道竖井的梯子上走了下来。罗杰·布谢尔——他是这次逃跑活动的指挥之一——化装成一名商人，也在第一批逃跑者之中。

他们躺在自制的滑板车上，穿过几乎要令人窒息的狭长隧道，来到了另一端。然而，当他们撬开顶部的木板，正为呼吸到了新鲜甜蜜的自由空气而欢呼时，却突然发现，洞口并不是像他们设计的那样在树林里，而是在离树林10英尺远的一个开阔地带，从岗楼一下子就可看到他们。

怎么办呢？退回去，花一个月的时间等待下一个月黑之夜，同时挖开前面30英里长的隧道吗？那样做并不比现在直接出去的危险小。而且，证件已填好了日期，推迟日期又得重新制作，而制作证件也并不是一件小事。这样一商量，他们决定冒险出去。

好在德国人只将探照灯在铁丝网那儿扫来扫去，而巡逻的哨兵也是来回游动。趁哨兵背向他们的时候，第一个出去的人迅速爬过了那10英尺的开阔地带，然后垂下一根绳子到隧道的竖井口。德国人一转身，他就摇动绳子，第二个人便爬出竖井。

就这样，他们在德国哨兵的眼皮底下分批逃出了76个人——这比预计的速度慢多了。这条把战俘们引向自由的隧道从何而来的呢？

1943年春天，萨岗北院新设的战俘营里贴出了一张布告，征求志愿参加板球和垒球运动的人，署名是"大X"。战俘们一看之下，心情激动。原来，这是他们的暗语，意思是准备挖掘隧道，征求志愿者。当下就有500多人报了名。

"大X"名叫罗杰·布谢尔，是在敦刻尔克战役中飞机被击落后而被俘的。他已有过两次成功逃跑经验，有一次都快到瑞士边境时才被抓住。他和同志们经过研究，决定开挖三条隧道，起名为"汤姆"、"迪克"和"哈里"。"汤姆"与"迪克"互相垂直，"哈里"在另一个营区，只要有一条不被德国人发现，就有逃出去的可能。

他们进行了严密的分工：成立了三个小组分别负责三条隧道的挖掘工作。凡是当过矿工、木匠和工程师的人都参加地下挖掘和设计。做过裁缝的人专管制作伪装；画家们开始着手制作假证件——这些都是逃跑者必不可少的东西。会讲德语的人负责与监视他们的德国人交朋友，可缠住他们，分散他们的注意力。那些没有专长的人也不是无事可干：他们或负责处理从隧道里挖出来的沙土，称作"企鹅"；或负责对德国监视者进行反监视，称作暗探。

在这次为争取自由而进行的隧道挖掘工作中，他们遇到了难以想象的困难，同时也表现出了惊人的才智。挖隧道的工具是用小煤炉和烧饭炉改制的铁刮刀，由募集来的战俘们的床板制成骨架支撑四周和顶梁。用红十字会发的奶粉罐头盒和德国人发的宣传画报制成了空气泵，它可以在隧道入口的活动门关闭后保证洞内有新鲜空气。把战俘营的电线偷偷改装一下，加上建筑工人丢弃的零星线头，就得到挖隧道照明用的电线。他们从走廊上偷了几个灯泡，把电路与战俘营的线路接通，这样就有了照明。此外，还用人造黄油和罐头盒自制了油灯。他们甚至还装了简易的水龙头，可以在那儿淋浴冲澡，洗去挖掘时沾上的泥土。处理挖出的泥土时碰到了一点障碍：新鲜的黄土倒在地上很容易引人注目。但这也没能难住他们，很快有了办法：用一条小毛巾把泥土包成一条小"香肠"，由"企鹅"们放风时带在裤带里，到一个废弃的剧院旁洒掉，然后迅速踩平，使它与周围的泥土相混。他们每天要用这种方法处理掉几吨泥土。

500多名战俘就这样凭着顽强的意志与集体智慧开挖了三条隧道。他们必须十分小心，不但要按时去点名应卯，而且，还要防止德国人的突然袭击，因为德国人随时都可能冲进营房，大喝一声："站住！不许动！"或随时叫他们："全都出来！集合！"然后随意乱翻他们的东西。

尽管十分谨慎，他们还是被德国人发现了。夏天，三条隧道都快完工了。他们决定集中挖掘"汤姆"，因为夏天是逃跑者最好的季节，可以露宿，可以找到各种充饥的野菜。当"汤姆"挖到离树林只有几码远时，德国人发现了营房里还没来得及处理的装泥土的箱子。他们开来了推土机和重型运输车，想找到战俘们挖掘的隧道。第一天一无所获。第二天，一个密探偶然用探条探到了"汤姆"的后门。

然而，德国人犯了一个错误，他们以为炸掉"汤姆"后就可以高枕无忧了，没想到战俘们同时挖了三条隧道。"汤姆"被炸，战俘们虽然沮丧，但仍决定继续干下去。无论多危险，多辛苦，但是——自由，这是多么吸引人的字眼！

其间，他们还尝试过从地面逃跑。三个人拿着木头仿制的步枪，穿着战俘们偷偷仿做成的德军制服，押着24名囚犯到大门外除虱子。他们通过了大门，逃到了树林。但第二批却被发现了。

1944年初，"哈里"隧道复工，这时正值冬天，土质变硬，隧道里又冷又潮，所有人都得了感冒，并由于吸入太多制油灯的劣质油烟而患肺气肿。导致工程进度变慢，但自由的信念支持着他们。他们几乎是像蚂蚁啃骨头般，锲而不舍地挖掘着。终于，到了3月中旬，"哈里"隧道挖好了。经过几天的准备，终于等来了那令人激动的时刻！

天亮的时候，他们不幸被换班的哨兵发现了。已经逃了出去的几十人，大部分被抓住了，并被德国人野蛮地枪杀了，其中有此次活动的指挥者布谢尔——日内瓦公约规定，不允许枪杀企图逃跑的战俘——但还是有几个人逃脱了德国法西斯的魔掌，到了中立国或是回到了他们的祖国。

留在战俘营里的战俘并没有被德国人残暴的屠杀吓住，"X"组织很快重新组建了起来，并开始挖掘"乔治"隧道。当"乔治"完工，他们准备逃跑时，德国法西斯完蛋了，他们获得了解放。

克服危机的方法不是轻易就能找到的。然而，如果你坚持不懈地寻求新的出路，愿意在成功的可能性很低的情况下去尝试，你就能找到出路。局面越是棘手，越要努力尝试。过早地放弃努力，只会增加你的麻烦。要做出最大的努力。不要畏缩不前，要使出自己全部的力量来，不要担心把精力用尽。成功者总是做出极大的努力，而面对危机时，他们却能做出更大的努力。他们不去考虑什么疲劳啦、筋疲力尽啦。要保持自己头脑的清醒，睁大眼睛去寻找那些在危机或困境中可能存在的机会。

做人感悟

与其专注于灾难的深重，莫若努力去寻求一线希望和可取的积极之路。即便是在混乱与灾难中，也可能形成你独到的见解，它将把你引导到一个值得一试的新的冒险之中。

付出越多，馈赠越多

罗伯特·卡帕以出生入死、英勇无畏的敬业献身精神而著称于世。他被世界各国的新闻界誉为"20世纪最伟大的战地摄影记者"、"有史以来最著名的战地记者"。

罗伯特·卡帕18岁考入柏林大学政治系，一毕业就赶上纳粹上台。他背着相机只身逃往西欧，与海明威一起参加了西班牙内战。在第二次世界大战的各个战区，他拍摄了包括诺曼底登陆等一系列重大战事。他在枪林弹雨之中，用自己的血肉之躯换取莱卡相机里的一格格底片。他为世人留下了许多既珍贵无比，又触目惊心的照片。人们看到他拍的照片，仿佛可以听到子弹在呼啸，炮火在轰鸣，生死在搏斗，可以感受到一种震撼人心的力量。

最令人敬佩的是，罗伯特·卡帕在以身殉职时所表现的视死如归精神。1954年5月25日，在他踩上地雷的那一瞬间，还不忘摁下快门，然后从容地含笑而去。在生命结束之后，那个被他视为生命的照相机还紧紧地抓在手里。

罗伯特·卡帕的亲朋好友曾多次劝他，要早日远离战地记者的危险职业。他却婉言谢绝了，多次说过："为自己所酷爱的事业而献身是值得的。即使牺牲了，也是死得其所。"

罗伯特·卡帕的知己、普利策文学奖得主约翰·斯坦伯格，在为他致悼词的时候说："他不仅留给我们一部战争编年史，更留给我们一种精神……"

美国《时代》杂志记者在二战前线对罗伯特·卡帕进行过采访，当时他说了这样一句后来广为流传的话："如果你拍出的照片不够好，那是因为你离战火还不够近。"

是的，一个没有被献身激情所鼓舞的人，永远不会做出令人叹服的伟大事业。

各行各业的许多兢兢业业、前赴后继者，都把他的这句话作为激励自己奋发向上、勇往直前的座右铭。

做人感悟

世上有一条恒定的法则：你付出的越多，上苍给你的馈赠就越多。从根本上说，任何伟大的成功从来都不是侥幸、偶然获得的，它永远属于那些用一生的血汗乃至生命去拼搏、去奋斗的人。

附录　名人有关做人的名言欣赏

生活就像海洋，只有意志坚强的人，才能到达彼岸。

——马克思

生命的意义在于付出，在于给予，而不是在于接受，也不是在于争取。

——巴金

人只有献身社会，才能找出那实际上是短暂而有风险的生命的意义。

——爱因斯坦

成功＝艰苦的劳动＋正确的方法＋少谈空话。

——爱因斯坦

人的价值蕴藏在人的才能之中。

——马克思

不要在已成的事业中逗留着！

——巴斯德

合理安排时间，就等于节约时间。

——培根

浪费别人的时间是谋财害命，浪费自己的时间是慢性自杀。

——列宁

把语言化为行动，比把行动化为语言困难得多。

——高尔基

不经巨大的困难，不会有伟大的事业。

——伏尔泰

坚强的信心，能使平凡的人做出惊人的事业。

——马尔顿

今天所做之事勿候明天，自己所做之事勿候他人。

——歌德

今天应做的事没有做，明天再早也是耽误了。

——裴斯泰洛齐

科学的每一项巨大成就，都是以大胆的幻想为出发点的。

——杜威

科学没有国境，但科学家有祖国。

——巴斯德

凡在小事上对真理持轻率态度的人，在大事上也是不可信任的。

——爱因斯坦

好动与不满足是进步的第一必需品。

——爱迪生

本性流露永远胜过豪言壮语。

——莱辛

说谎话的人所得到的，就只是即使说了真话也没有人相信。

——伊索

真正的谦虚只能是对虚荣心进行了深思以后的产物。

——柏格森

生命不可能从谎言中开出灿烂的鲜花。

——海涅

虚伪永远不能凭借它生长在权利中而变成真实。

——泰戈尔

凡是与虚伪相矛盾的东西都是极其重要而且有价值的。

——高尔基

我并无过人的特长，只是忠诚老实，不自欺欺人，想做一个"以身作则"来教育人的平常人。

——吴玉章

辱，莫大于不知耻。

——王通

虚荣心很难说是一种恶行，然而一切恶行都围绕虚荣心而生，都不过是满足虚荣心的手段。

——柏格森

行一件好事，心中泰然；行一件歹事，衾影抱愧。

——神涵光

一个人最伤心的事情无过于良心的死灭。

——郭沫若

君子坦荡荡，小人长戚戚。

——孔丘

人在智慧上应当是明豁的，道德上应该是清白的，身体上应该是清洁的。

——契诃夫

良心是由人的知识和全部生活方式来决定的。

——马克思

真诚才是人生最高的美德。

——乔叟

你若要喜爱你自己的价值，你就得给世界创造价值。

——歌德

美德有如名香，经燃烧或压榨而其香愈烈，盖幸运最能显露恶德而厄运最能显露美德也。

——培根

我愿证明，凡是行为善良与高尚的人，定能因之而担当患难。

——贝多芬

阴谋陷害别人的人，自己会首先遭到不幸。

——伊索

善气迎人，亲如弟兄；恶气迎人，害于戈兵。

——管仲

知耻近乎勇。

——孔丘

入于污泥而不染、不受资产阶级糖衣炮弹的侵蚀，是最难能可贵的革命品质。

——周恩来

夫君子之行，静以修身，俭以养德，非淡泊无以明志，非宁静无以致远。

——诸葛亮

我们有力的道德就是通过奋斗取得物质上的成功,这种道德既适用于国家,也适用于个人。

——罗素

勿以恶小而为之,勿以善小而不为。

——刘备

国家用人,当以德为本,才艺为末。

——康熙

自我控制是最强者的本能。

——萧伯纳

巨大的建筑,总是由一木一石叠起来的,我们何妨做做这一木一石呢?我时常做些零碎事,就是为此。

——鲁迅

讲话气势汹汹,未必就是言之有理。

——萨迪

不会宽容人的人,是不配受到别人的宽容的。

——贝尔奈

如果我看得远,那是因为我站在巨人的肩上。

——牛顿

谦虚使人进步,骄傲使人落后。我们应当永远记住这个真理。

——毛泽东

自觉心是进步之母,自贱心是堕落之源,故自觉心不可无,自贱心不可有。

——邹韬奋

蜜蜂从花中啜蜜,离开时营营的道谢。浮夸的蝴蝶却相信花是应该向他道谢的。

——泰戈尔

脾气暴躁是人类较为卑劣的天性之一,人要是发脾气就等于在人类进步的阶梯上倒退了一步。

——达尔文

作为一个人,对父母要尊敬,对子女要慈爱,对穷亲戚要慷慨,对一切人要有礼貌。

——罗素

好脾气是一个人在社交中所能穿着的最佳服饰。

——都德

无论你怎样地表示愤怒,都不要做出任何无法挽回的事来。

——培根

峣峣者缺,皎皎者易污。《阳春》之曲,和者必寡,盛名之下,其实难副。

——范晔

有真道德,必生真胆量。凡怕天怕地怕人怕鬼的人,必是心中有鬼,必是品行不端。

——宣永光

骄谄,是一个人。遇胜我者则谄,遇不知我者则骄。

——申居郧

有谦和、愉快、诚恳的态度,而同时又加上忍耐精神的人,是非常幸运的。

——塞涅卡

谦固美名,过谦者,宜防其诈。

——朱熹

如烟往事俱忘却,心底无私天地宽。

——陶铸

凡是有良好教养的人有一禁诫:勿发脾气。

——爱默生

应当在朋友正是困难的时候给予帮助,不可在事情无望之后再说闲话。

——伊索

不傲才以骄人,不以宠而作威。

——诸葛亮

当我们是大为谦卑的时候,便是我们最近于伟大的时候。

——泰戈尔

恢弘志士之气，不宜妄自菲薄。

——诸葛亮

显而易见，骄傲与谦卑是恰恰相反的，可是它们有同一个对象。这个对象就是自我。

——休谟

最盲目的服从乃是奴隶们所仅存的唯一美德。

——卢梭

卑己而尊人是不好的，尊己而卑人也是不好的。

——徐特立

劳谦虚己，则附之者众；骄慢倨傲，则去之者多。

——葛洪

虚己者进德之基。

——方孝孺

骄傲自满是我们的一座可怕的陷阱；而且，这个陷阱是我们自己亲手挖掘的。

——老舍

气忌盛，新忌满，才忌露。

——吕坤

成功的第一个条件是真正的虚心，对自己的一切敝帚自珍的成见，只要看出同真理冲突，都愿意放弃。

——斯宾塞

我的座右铭是：人不可有傲气，但不可无傲骨。

——徐悲鸿

怀疑并不是缺点。总是疑，而并不下断语，这才是缺点。

——鲁迅

嫉妒心是荣誉的害虫，要想消灭嫉妒心，最好的方法是表明自己的目的是在求事功而不求名声。

——培根

傲不可长，欲不可纵，乐不可极，志不可满。

——魏徵

尺有所短；寸有所长。物有所不足；智有所不明。

——屈原

人生至愚是恶闻己过，人生至恶是善谈人过。

——申居郧

无德之人常嫉他人之有德。

——培根

对别人的意见要表示尊重。千万别说："你错了。"

——卡耐基

九牛一毫莫自夸，骄傲自满必翻车。历览古今多少事，成由谦逊败由奢。

——陈毅

昂着头出征，夹着尾巴回家，是庸弩而又好战的人的常态。

——冯雪峰

一知半解的人，多不谦虚；见多识广有本领的人，一定谦虚。

——谢觉哉

我们的骄傲多半是基于我们的无知！

——莱辛

一个人的真正伟大之处就在于他能够认识到自己的渺小。

——保罗

我们不要把眼睛生在头顶上，致使用了自己的脚踏坏了我们想得之于天上的东西。

——冯雪峰

人生大病，只是一"傲"字。

——王阳明

不满足是向上的车轮。

——鲁迅

应该让别人的生活因为有了你的生存而更加美好。

——茨巴尔

一个人如果把从别人那里学来的东西算作自己的发现，这也很接近于虚骄。

——黑格尔

凡过于把幸运之事归功于自己的聪明和智谋的人多半是结局很不幸的。

——培根

越是没有本领的就越加自命不凡。

——邓拓

人生应该如蜡烛一样，从顶燃到底，一直都是光明的。

——萧楚女

人家帮我，永志不忘；我帮人家，莫记心头。

——华罗庚

人不可为了荣华与虚名给自己招来危险。

——伊索

要求于人的甚少，给予人的甚多，这就是松树的风格。

——陶铸

自夸的人的虚荣的性格显示他的隐秘的恶。

——伊索

祸莫大于无信。

——傅玄

人不能像走兽那样活着，应该追求知识和美德。

——但丁

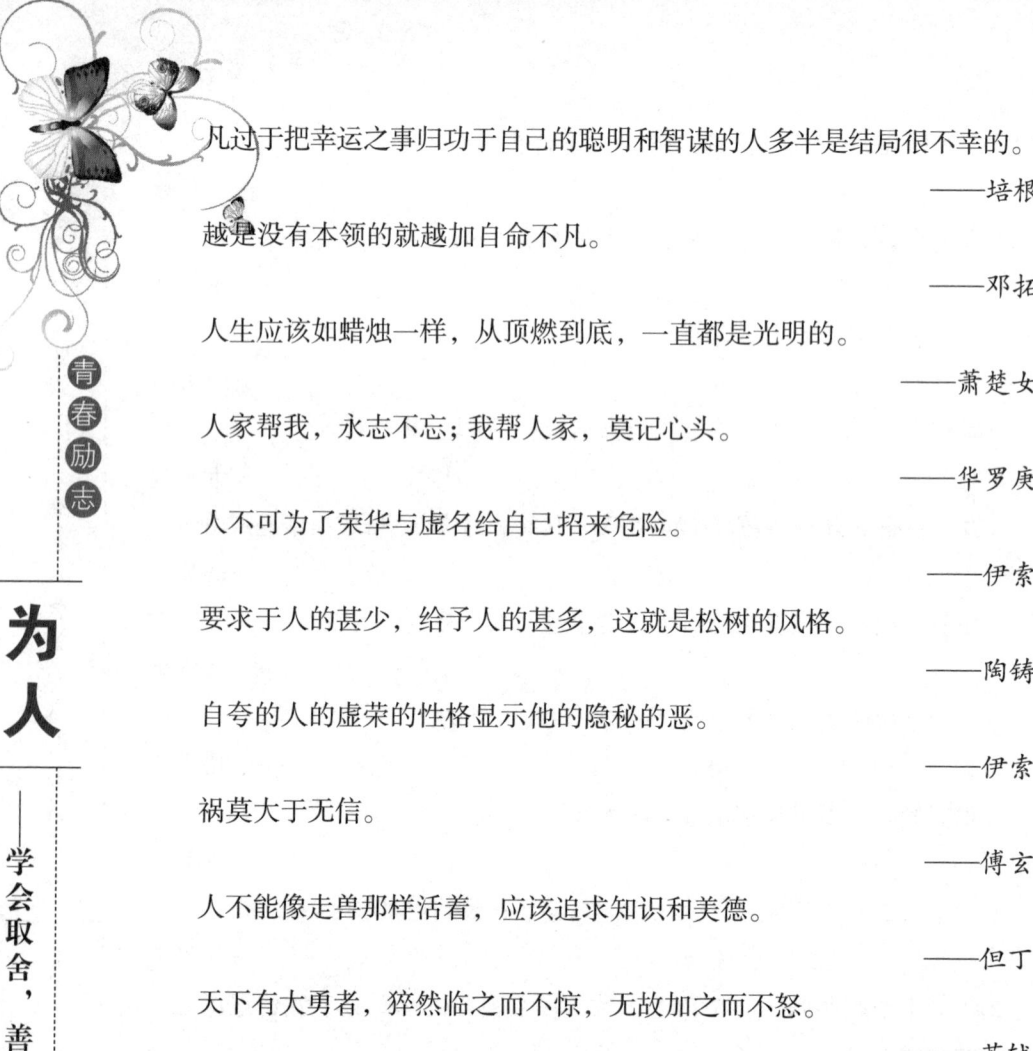

天下有大勇者，猝然临之而不惊，无故加之而不怒。

——苏轼

君子不镜于水，而镜于人。镜于水，见面之容，镜于人，则知吉与凶。

——墨翟

古之君子如抱美玉而深藏不市，后之人则以石为玉而又炫之也。

——朱熹

谁给我一滴水，我便回报他整个大海。

——华梅

受惠的人，必须把那恩惠常藏心底，但是施恩的人则不可记住它。

——西塞罗

无论乌鸦怎样用孔雀的羽毛来装饰自己，乌鸦毕竟是乌鸦。

——斯大林

谁若想在困厄时得到援助，就应在平日待人以宽。

——萨迪

生气的时候，开口前先数到十，如果非常愤怒，先数到一百。

——杰弗逊

改造自己，总比禁止别人来得难。

——鲁迅

人应尊敬他自己，并应自视能配得上最高尚的东西。

——黑格尔

我要做的事，不过是伸手去收割旁人替我播种的庄稼而已。

——歌德

除非你的话能给人安慰，否则最好保持沉默；宁可因为说真话负罪，也不要说假话开脱。

——萨迪

吹牛撒谎是道义上的灭亡，它势必引向政治上的灭亡。

——列宁

我们应该顺应自然，立在真实上，求得人生的光明，不可陷入勉强、虚伪的境界，把真正人生都归幻灭。

——李大钊

自私自利之心，是立人达人之障。

——吕坤

你要记住，永远要愉快地多给别人，少从别人那里拿取。

——高尔基

钓名沽誉，眩世炫俗，由君子观之，皆所不取也。

——方孝孺

不知道他自己的人的尊严，他就完全不能尊重别人的尊严。

——席勒

君子赠人以言，庶人赠人以财。

——荀况

该诅咒的谄媚者，愿你们除了毒药什么也不赞美！

——莱辛

我们不能一有成绩，就像皮球一样，别人拍不得，轻轻一拍，就跳得老高。成绩越大，越要谦虚谨慎。

——王进喜

好小利必有大不利。

——冯班

欺人亦是自欺，此又是自欺之甚者。

——朱熹

讲真话有人不喜欢，但还是要讲。

——周扬

政治上采取诚实态度，是有力量的表现，政治上采取欺骗态度，是软弱的表现。

——列宁

夫高论而相欺，不若忠论而诚实。

——王符

土扶可城墙，积德为厚地。

——李白

诚则始终不贰，表里一致，敬信真纯，近于乡原之人哉？

——皮日休

常求有利别人，不求有利自己。

——谢觉哉

君子喻于义，小人喻于利。

——孔丘

理想的人物不仅要在物质需要的满足上，还要在精神旨趣的满足上得到表现。

——黑格尔

不如鄙性好诚实，退无所议进不谀。

——刘过

生活是欺骗不了的，一个人要生活的光明磊落。

——冯雪峰

巧言不如直到。

——郑德辉

自称盗贼的无须防，得其反倒是好人；自称正人君子的必须防，得其反则是盗贼。

——鲁迅

富贵不淫贫贱乐，男儿到此是豪雄。

——程颢

虚假永远无聊乏味，令人生厌。

——波瓦洛

在荣誉上不伸手，在待遇上不伸手，在物质上不伸手。

——王杰

人心恶假贵重真。

——白居易

自己不能胜任的事情，切莫轻易答应别人，一旦答应了别人，就必须实践自己的诺言。

——华盛顿

如果天下平静无事，到处都是溢美和逢迎，那么，无耻、欺诈和愚昧更将有滋长的余地了；没有人再揭发，没有人再说苛酷的真话！

——别林斯基

人以言媚人者，但欲人之悦己，而不知人之轻己；人以言自夸者，但欲人之羡己，而不知人之笑己；轻而且笑，辱莫甚焉。

——李惺

把"德性"教给你们的孩子：使人幸福的是德性而非金钱。这是我的经验之谈。在患难中支持我的是道德，使我不曾自杀的，除了艺术以外也是道德。

——贝多芬

钻研然而知不足，虚心是从知不足而来的。虚伪的谦虚，仅能博得庸俗的掌声，而不能求得真正的进步。

——华罗庚

很多人足够聪明，有满肚子的学问，可是也有满脑子的虚荣心，为着让眼光短浅的俗人赞赏他们是才子，他们简直不知羞耻，对他们来说，世间没有什么东西是神圣的。

——歌德

年轻的姑娘，特别是你们，必须知道好名誉比任何修饰都来得宝贵，而且好名誉像春天的花朵一样，一阵风就能把它毁了。

——克雷洛夫

好炫耀的人是明哲之士所轻视的，愚蠢之人所艳羡的，谄佞之徒所奉承的，同时他们也是自己所夸耀的言语地奴隶。

——培根

赞美好事是好的，但对坏事加以赞美则是一个骗子和奸诈的人的行为。

——德谟克利特

质朴却比巧妙的言辞更能打动我的心。

——莎士比亚

人类是唯一会脸红的动物，或是唯一该脸红的动物。

——马克·吐温

害羞是畏惧或害怕羞辱的情绪，这种情绪可以阻止人不去犯某些卑鄙的行为。

——斯宾诺莎

谦卑并不意味着多顾他人少顾自己，也不意味着承认自己是个无能之辈，而是意味着从根本上把自己置之度外。

——威廉·特姆坡

习惯就是习惯，谁也不能将其扔出窗外，只能一步一步地引下楼。

——马克·吐温

我们唯一不会改正的缺点是软弱。

——拉罗什福科

一切都靠一张嘴来做而丝毫不实干的人，是虚伪和假仁假义的。

——德谟克利特